Como Decidir

Como Decidir

Ferramentas Simples para Melhores Escolhas

Annie Duke

Palestrante corporativa e especialista em
ciência cognitivo-comportamental da decisão

ALTA BOOKS
GRUPO EDITORIAL
Rio de Janeiro, 2023

Como Decidir

Copyright © 2023 da Starlin Alta Editora e Consultoria Eireli.
ISBN: 978-65-5520-938-9

Translated from original How To Decide. Copyright © 2020 by Annie Duke. ISBN 9780593418482. This translation is published and sold by permission of Penguin Random House LLC, the owner of all rights to publish and sell the same. PORTUGUESE language edition published by Starlin Alta Editora e Consultoria Eireli, Copyright © 2022 by Starlin Alta Editora e Consultoria Eireli.

Impresso no Brasil — 1ª Edição, 2023 — Edição revisada conforme o Acordo Ortográfico da Língua Portuguesa de 2009.

Dados Internacionais de Catalogação na Publicação (CIP) de acordo com ISBD

P446c   Duke, Annie
    Como Decidir: Ferramentas Simples para Melhores Escolhas / Annie Duke; traduzido por Daniel Perissé. – Rio de Janeiro : Alta Books, 2023.
    288 p. ; 16cm x 23cm.

    Tradução de: How To Decide
    Inclui bibliografia.
    ISBN: 978-65-5520-938-9

    1. Autoajuda. I. Perissé, Daniel. II. Título.

2022-1391
CDD 158.1
CDU 159.947

Elaborado por Vagner Rodolfo da Silva - CRB-8/9410

Índice para catálogo sistemático:
1. Autoajuda 158.1
2. Autoajuda 159.947

Todos os direitos estão reservados e protegidos por Lei. Nenhuma parte deste livro, sem autorização prévia por escrito da editora, poderá ser reproduzida ou transmitida. A violação dos Direitos Autorais é crime estabelecido na Lei nº 9.610/98 e com punição de acordo com o artigo 184 do Código Penal.

A editora não se responsabiliza pelo conteúdo da obra, formulada exclusivamente pelo(s) autor(es).

Marcas Registradas: Todos os termos mencionados e reconhecidos como Marca Registrada e/ou Comercial são de responsabilidade de seus proprietários. A editora informa não estar associada a nenhum produto e/ou fornecedor apresentado no livro.

Erratas e arquivos de apoio: No site da editora relatamos, com a devida correção, qualquer erro encontrado em nossos livros, bem como disponibilizamos arquivos de apoio se aplicáveis à obra em questão.

Acesse o site www.altabooks.com.br e procure pelo título do livro desejado para ter acesso às erratas, aos arquivos de apoio e/ou a outros conteúdos aplicáveis à obra.

Suporte Técnico: A obra é comercializada na forma em que está, sem direito a suporte técnico ou orientação pessoal/exclusiva ao leitor.

A editora não se responsabiliza pela manutenção, atualização e idioma dos sites referidos pelos autores nesta obra.

Produção Editorial
Grupo Editorial Alta Books

Diretor Editorial
Anderson Vieira
anderson.vieira@altabooks.com.br

Editor
José Ruggeri
j.ruggeri@altabooks.com.br

Gerência Comercial
Claudio Lima
claudio@altabooks.com.br

Gerência Marketing
Andréa Guatiello
andrea@altabooks.com.br

Coordenação Comercial
Thiago Biaggi

Coordenação de Eventos
Viviane Paiva
comercial@altabooks.com.br

Coordenação ADM/Finc.
Solange Souza

Coordenação Logística
Waldir Rodrigues

Gestão de Pessoas
Jairo Araújo

Direitos Autorais
Raquel Porto
rights@altabooks.com.br

Produtor Editorial
Thales Silva

Produtores Editoriais
Illysabelle Trajano
Maria de Lourdes Borges
Paulo Gomes
Thiê Alves

Equipe Comercial
Adenir Gomes
Ana Carolina Marinho
Ana Claudia Lima
Daiana Costa
Everson Sete
Kaique Luiz
Luana Santos
Maira Conceição
Natasha Sales

Equipe Editorial
Ana Clara Tambasco
Andreza Moraes
Arthur Candreva
Beatriz de Assis
Beatriz Frohe

Betânia Santos
Brenda Rodrigues
Caroline David
Erick Brandão
Elton Manhães
Fernanda Teixeira
Gabriela Paiva
Henrique Waldez
Karolayne Alves
Kelry Oliveira
Lorrahn Candido
Luana Maura
Marcelli Ferreira
Mariana Portugal
Matheus Mello
Milena Soares
Patricia Silvestre
Viviane Corrêa
Yasmin Sayonara

Marketing Editorial
Amanda Mucci
Guilherme Nunes
Livia Carvalho
Pedro Guimarães
Thiago Brito

Atuaram na edição desta obra:

Tradução
Daniel Perissé

Copidesque
Caroline Suiter

Revisão Gramatical
Anna Guimarães
Fernanda Lutfi

Diagramação
Joyce Matos

Editora afiliada à:

ASSOCIADO

ALTA BOOKS
GRUPO EDITORIAL

Rua Viúva Cláudio, 291 — Bairro Industrial do Jacaré
CEP: 20.970-031 — Rio de Janeiro (RJ)
Tels.: (21) 3278-8069 / 3278-8419
www.altabooks.com.br — altabooks@altabooks.com.br
Ouvidoria: ouvidoria@altabooks.com.br

Para meu pai, Richard Lederer, que me inspira todos os dias com sua
paixão pelo ensino e seu amor pela palavra escrita.

Sumário

SOBRE A AUTORA   XI

AGRADECIMENTOS   XIII

SUA MELHOR DECISÃO E SUA PIOR   XVII

INTRODUÇÃO   XIX

1 Resultado: Os Resultados no Retrovisor Podem Parecer Maiores do que São   1

1. Pulando de um Emprego para Outro   1
2. A Sombra do Resultado   4
3. Caixa da Sorte   9
4. Quando Coisas Ruins Acontecem com Boas Decisões (e Vice-versa!): separando qualidade de resultado e qualidade de decisão   13
5. O Outro Impacto Resultante na Aprendizagem: não espere por erros de decisão para encontrar oportunidades de aprendizagem   16
6. Revendo sua Melhor e sua Pior Decisões   19
7. Resumo   21

Checklist   22

Há Muito Tempo, em uma Série de Filmes Muito, Muito Distante   23

2 Como Diz o Velho Ditado, Retrospectiva Não É 20/20   25

1. Reduzindo o Pulo de Emprego   25
2. Eu traço: identificando seu próprio viés retrospectivo   30
3. O Que Você Sabia? E Quando Você Soube?   34
4. Você Pode Encontrar o Viés Retrospectivo em Qualquer Lugar   39
5. Resumo   42

Checklist   43

Você Não Sabe Que Há um Erro na Eleição até o Fim Dela   44

3 O Multiverso da Decisão   47

1. Uma Ideia Cabeluda   47
2. O Paradoxo da Experiência   49
3. Floresta de Decisão: o massacre da motosserra cognitiva   50
4. Desligando a Motosserra Cognitiva: remontando a árvore   53
5. Contrafactuais   60
6. Resumo   66

Checklist   67

O Homem do Castelo Alto   67

4 Os Três Ps: Preferências, Pagamentos e Probabilidades   69

1. Os Seis Passos para uma Melhor Tomada de Decisões: tornando sua visão de futuro mais clara (e cristalina)   69
2. Dica Pro: não provoque o maior animal da América do Norte   71
3. Pagamentos: Passo 2 — Identifique sua preferência usando a recompensa para cada resultado — em que nível você gosta ou não de cada resultado, dados os seus valores?   73
4. Probabilidade é Importante: Passo 3 — Estimando a probabilidade de cada resultado se desdobrar   80
5. A Mentalidade do Arqueiro: todas as suposições são suposições educadas   81
6. Um Pensamento Suave para um Pensamento Probabilístico: usando palavras que expressam probabilidade   87
7. Se Você Não Perguntar, Não Terá uma Resposta   94
8. Resumo   97

Checklist   99

Suposição de Bovinos   100

5 Mirando no Futuro: o Poder da Precisão — 101

1. Perdido na Tradução: agora, as más notícias sobre o uso de termos que expressam probabilidades 101
2. Precisão Importa: definir mais claramente o alvo, fazendo suposições fundamentadas 108
3. Em Casa no Intervalo 111
4. Resumo 120

Checklist 121

Taxado por Imprecisão 122

6 Mudando as Decisões de Fora para Dentro — 123

1. Relacionamento Chernobyl 123
2. Visão Interna x Visão Externa 126
3. Como Ser o Convidado Menos Popular em um Casamento 131
4. Um Casamento Verdadeiramente Feliz: a união das visões interna e externa 134
5. Resumo 145

Checklist 147

Uma Disposição Mais Ensolarada? 148

7 Libertando-se da Paralisia da Análise: Como Usar Seu Tempo de Tomada de Decisões com mais Sabedoria — 149

1. O Teste da Felicidade: quando o tipo de coisas que você está decidindo tem baixo impacto 153
2. Freeroll: decidindo rapidamente quando a desvantagem é quase nula 157
3. Lobo em Pele de Cordeiro: apostas altas, decisões fechadas, decisões rápidas 162
4. Quem Desiste Frequentemente Ganha e Quem Ganha Frequentemente Desiste: entendendo o poder da "desistência" 168
5. Esta É a Palavra Final?: sabendo quando seu processo decisório está "finalizado" 176
6. Resumo 178

Checklist 180

O Exterminador Estava em *Freeroll* 181

8 O Poder do Pensamento Negativo 183

1. Pense Positivo, mas Planeje Negativo:
   identificando nossas dificuldades em executar nossas metas 185

2. Pre-mortem e Backcasting: se você merece uma autópsia ou uma
   parada, deve saber o porquê com antecedência 190

3. Compromisso Sério com Suas Boas Intenções:
   fazendo um giro de 180° na "estrada para o inferno" 200

4. O Jogo do Dr. Evil: superando o gênio do mal, certificando-se de não
   falhar (P.S.: O gênio do mal é você) 203

5. A Festa Surpresa Que Ninguém Quer:
   quando a sua reação a um resultado ruim torna as coisas piores 207

6. Desviando dos Tiros e Flechas da Ultrajante Fortuna:
   "Se você não pode superá-los... mitigue-os" 211

7. Resumo 213

Checklist 215

Darth Vader, Líder da Equipe: encarnação do Lado Sombrio da Força ou
   herói desconhecido do pensamento negativo? 216

Dr. Evil na Quarta Descida 217

9 Higiene da Decisão: Se Você Quer Saber o Que Alguém Pensa, Pare de Infectá-lo com o Que Você Pensa 219

1. "Duas Estradas Divergiram": a beleza de descobrir onde as crenças
   de outras pessoas diferem das suas 224

2. Como Obter Feedback Não Infectado:
   colocando a sua opinião em quarentena para impedir o contágio 227

3. Como Colocar as Opiniões em Quarentena em
   um Ambiente de Grupo 231

4. Doutrina do Giro: faça um checklist dos detalhes relevantes
   e seja responsável por fornecê-los 237

5. Pensamentos Finais 242

6. Resumo 243

Checklist 245

NOTAS DE CAPÍTULO 247

REFERÊNCIAS E LEITURAS SUGERIDAS 255

REFERÊNCIAS SELECIONADAS 257

Sobre a Autora

Annie Duke é autora, palestrante corporativa e consultora especializada quando o tema é tomada de decisão. O livro de Annie, *Thinking in Bets: Making Smarter Decisions When You Don't Have All the Facts*, é um best-seller nos Estados Unidos. Como ex-jogadora profissional de pôquer, Annie ganhou mais de US\$4 milhões em torneios até se aposentar, em 2012. Antes de se tornar profissional, Annie recebeu uma bolsa da National Science Foundation para estudar psicologia cognitiva na Universidade da Pensilvânia.

Annie é cofundadora da Alliance for Decision Education, uma organização sem fins lucrativos cuja missão é melhorar vidas capacitando os alunos por meio da educação de habilidades de decisão. Ela também é membro da National Board of After-School All-Stars e da diretoria do Franklin Institute. Em 2020, ela se juntou ao conselho da Renew Democracy Initiative.

Agradecimentos

ESTE LIVRO NÃO EXISTIRIA sem as pessoas incríveis que ofereceram parceria de pensamento, que deram críticas perspicazes aos meus trabalhos passados e presentes, que têm sido minhas líderes de torcida e que me apoiaram naqueles momentos em que senti que não conseguia encontrar o caminho para terminar este livro.

Obrigado a Jim Levine, meu agente literário, por ser meu principal líder de torcida, por acreditar em mim antes de eu sequer escrever um livro, e por permanecer comigo nesta segunda obra. Ele ofereceu conselhos sábios, apoio e uma defesa incrível. Agradeço a Jim e a todos na Levine Greenberg Rostan Literary Agency.

Niki Papadopoulos, a melhor editora do mundo e, mais importante, uma amiga incrível, merece muito crédito pelo que há nestas páginas. Em particular, ela viu um caminho para este livro não ser apenas um caderno de exercícios para *Pensar em Apostas* (como foi originalmente concebido), mas como um livro que se sustentaria pelos próprios méritos. Isso me deu espaço para explorar muito terreno novo e ir mais a fundo em tópicos que não teria investigado. Além disso, sua crítica franca e contundente nas primeiras páginas mudou enormemente a trajetória deste livro. Ela também me deu espaço para encontrar meu caminho para escrever um livro que demorou o dobro do tempo e terminou com o dobro do tamanho planejado. Sempre me lembrarei dela dizendo com grande compaixão, enquanto me preocupava com os prazos: "Acredito que os livros demoram o tempo que precisam para serem escritos". Obrigada, Niki.

Obrigada a todos na Portfolio e à família da Penguin Random House, uma menção especial a Kimberly Meilum, assistente editorial de Niki, que coordenou o layout e ficou com a tarefa de garantir que eu soubesse dos prazos; Jamie Lescht, que coordenou o marketing; e Adrian Zackheim, por acreditar no meu trabalho e por sua liderança em uma empresa tão fantástica como é a Portfolio.

Sou profundamente grata à Michael Craig, que foi essencial na produção deste livro. Além de ser um ótimo amigo, ele foi incrivelmente generoso com seus talentos como editor, pesquisador, membro da audiência de teste, colaborador de ideias e exemplos, compilador e organizador desse material. Tenho certeza de que este livro não existiria sem ele. Sou muito grata pela ajuda de muitos cientistas comportamentais talentosos e brilhantes que me encorajaram, compartilharam abnegadamente seu tempo, suas ideias e suas sugestões, assim como ensinaram-me, trataram-me como uma colega e me inspiraram constantemente para conquistar meu respeito e amizade.

Michael Mauboussin agiu como um parceiro de pensamento nessa jornada, lendo cada capítulo que produzi e dando uma crítica perspicaz à medida que avançava. Suas mãos estão entranhadas neste trabalho. Tenho uma sorte incrível de ter tido uma pessoa do seu calibre disposta a ler cada palavra e me oferecer uma orientação tão detalhada.

Phil Tetlock e Barb Mellers são tanto inspirações quanto mentores para mim. Seu corpo de trabalho sobre previsão e opinião de especialistas é tecido ao longo deste livro, atingindo quase todas estas páginas. Nunca tive uma conversa com eles que não me deixasse mais inteligente.

Cass Sunstein me deixou trocar ideias e também estava disposto a ler o manuscrito à medida que o produzia, dando-me não apenas um feedback excelente, mas também o conforto de que o que eu estava produzindo valeria a pena.

Daniel Kahneman liderou o caminho na criação do espaço agora conhecido como economia comportamental e seu trabalho inspirou muito do que aparece neste livro. Ele também foi generoso com o seu tempo, me permitindo trocar ideias com ele. (Danny, me desculpe por não mudar o título para algo que você gostasse mais. É culpa de Niki.)

Ted Seides merece um agradecimento especial por me apresentar para Frank Brosens, que me apresentou para Cass Sunstein (obrigado, Frank!). E Josh Wolfe merece um agradecimento especial por me apresentar a Daniel Kahneman.

Abraham Wyner sempre esteve disponível para longos almoços, durante os quais vagamos pelos conceitos deste livro. Grande parte da maneira como as ideias são enquadradas nestas páginas é um resultado direto dessas conversas, e esta obra é muito melhor devido a sua parceria de pensamento.

Adam Grant me deixou apresentar uma versão inicial de algumas ideias deste livro para a sua turma na UPenn e me deu acesso aos seus alunos, muitos dos quais leram o manuscrito e trouxeram um feedback valioso. Obrigado não apenas a Adam, mas também a estes alunos: Rachel Abbe, Zachary Drapkin e Matthew Weiss.

Por meio das aulas de Adam, também conheci Meghna Sreenivas, que se tornou minha incrível assistente de pesquisa. Ela também é um ser humano de primeira.

Dan Levy e Richard Zeckhauser influenciaram meu pensamento sobre a higiene da decisão. Cada um deles foi gentil o suficiente para passar o tempo discutindo suas ideias comigo e me alertando sobre materiais de referência úteis.

Um agradecimento especial a todos os leitores das primeiras versões do manuscrito, por seu tempo e feedback, incluindo Michael Burns, Sonal Chokshi, Seth Godin, Rick Jones, Greg Kaplan, Carl Rosin, Vidushi Sharma, Jordan Thibodeau, Douglas Vigliotti e Paul Wright. Adorei (e, obviamente, me beneficiei de) trocar ideias com tantos pensadores inteligentes e talentosos. Obrigado por ajudarem a colocar o manuscrito em curso quando estava tentando descobrir o que este livro seria e por tolerarem a leitura de algumas versões muito grosseiras.

Peter Attia me inspirou com sua paixão pelo tiro com arco. Dan Egan me contou sobre o jogo Damien, que se tornou a inspiração para o jogo do Dr. Evil. Vocês são verdadeiros gênios do mal. Timothy Houlihan e Kurt Nelson se tornaram grandes amigos meus durante esse processo e foram fundamentais para me ajudar a encontrar a voz deste livro, corrigindo o curso após um início turbulento. Shane Parrish foi tão generoso ao oferecer a mim uma plataforma para as minhas ideias não apenas por meio do seu podcast, mas também me deixando testar algumas dessas ideias em seus workshops.

Beneficiei-me muito das perspectivas de Daniel Crosby, Morgan Housel, Brian Portnoy, Hal Stern, Jim e Patrick O'Shaugnessy, Wes Grey e David Foulke, que ofereceram suas visões sobre muitas das ideias deste livro e me inspiraram a fazer melhor.

Muitos dos exemplos e ideias neste livro foram melhorados por minhas diversas conversas longas e tortuosas com Joe Sweeney, meu amigo e diretor-executivo da Alliance for Decision Education, a organização sem fins lucrativos que fundei, dedicada a construir o campo da educação para a decisão na educação infantil até o ensino médio. Obrigada, Joe, e um muito obrigado enorme à equipe da Alliance e a todos que ajudam a apoiar a organização.

Obrigada a Jenifer Sarver, Maralyn Beck, Luz Stable, Alicia McClung e Jim Doughan por manterem minha vida em ordem.

Lila Gleitman continua a ser minha mentora e inspiração. Com 90 anos de idade, ela continua sendo minha mais valiosa parceira de pensamento. Aspiro ser capaz de obter alguma fração da precisão e da criatividade de seu pensamento. Ela também é uma das pessoas mais engraçadas que conheço. Não tenho como expressar minha gratidão por sua amizade ou expressar adequadamente meu amor por ela.

Agradecimentos xv

Mais importante de tudo, agradeço à minha família por me apoiar — meu marido, filhos, irmão e irmã, meu pai e todos os membros de nossa extensa família. Eles têm sido incrivelmente solidários e compreensivos durante esse processo. Tenho sorte de ter todos vocês em minha vida. Amo vocês infinitamente.

Escrever, falar e consultar sobre estratégia de decisão me deu a oportunidade de conhecer, compartilhar ideias e me tornar amiga de muitos pensadores brilhantes nos negócios, no gerenciamento, na inovação, no mercado financeiro e em outras carreiras. Isso inclui pessoas que também usam suas habilidades para se comunicar e educar sobre estratégias de decisão como autores, escritores, palestrantes, consultores e apresentadores de podcasts.

Não tenho espaço para incluir todas as oportunidades que recebi a fim de desenvolver as ideias que formaram este livro em podcasts, entrevistas e debates com outros trabalhadores dessa área. Também desenvolvi muito do material deste livro com a ajuda de workshops, palestras e trabalho de consultoria que fiz com vários grupos empresariais e profissionais. Obrigada a todos que me deram uma plataforma para expressar minhas ideias, testá-las e aproveitar as respostas e os feedbacks.

Estou mais ansiosa com a seção de agradecimentos deste livro. Receio não poder expressar suficientemente minha gratidão a essa comunidade da qual tenho tanta sorte de fazer parte. E imagino que, depois que este livro for publicado, vou me lembrar de mais pessoas que deixei de fora desta seção e ficar envergonhada. Espero que, seja quem for, saiba que não sou menos grata a você do que a qualquer um que apareceu nestas páginas.

Sua Melhor Decisão e Sua Pior

Qual foi a sua melhor decisão no ano passado? Procure, lá no fundo, a primeira coisa que vem à sua mente. Descreva esta decisão abaixo:

_____

_____

Agora, qual foi a sua pior decisão tomada no ano passado? Novamente, pegue a primeira coisa que vem à mente. Descreva-a:

_____

_____

Sua melhor decisão acabou dando certo? (Marque uma.)   SIM   NÃO

Sua pior decisão acabou dando errado? (Marque uma.)   SIM   NÃO

Se você é como a maioria das pessoas, respondeu sim às duas perguntas — e sua descrição foi provavelmente mais uma descrição do *resultado da decisão* do que do processo de decisão em si.

Fiz esse exercício com centenas de pessoas e é sempre assim. Quando pergunto pelas melhores decisões, elas me contam os melhores resultados. Ao questionar as piores decisões, elas me contam os piores resultados.

Logo voltaremos a esse exercício.

Introdução

Você toma milhares de decisões todos os dias — algumas grandes, outras pequenas. Algumas claramente muito importantes, como o trabalho a ser realizado. E algumas claramente de pouca importância, como o que comer no café da manhã.

Não importa que tipo de decisão você está enfrentando, é fundamental desenvolver um processo que não só melhore sua qualidade de decisão, mas também o ajude a classificá-las para que você possa identificar quais são maiores e quais são menores.

Por que é tão importante ter um processo de decisões de alta qualidade?

Porque há somente duas coisas que determinam como sua vida será: a sorte e a qualidade das suas decisões. Você só tem o controle de uma dessas duas coisas.

> **A única coisa sobre a qual você tem controle, e que pode influenciar o modo como será sua vida, é a qualidade das suas decisões.**

Sorte, por definição, está fora do nosso controle. Onde e quando você nasceu, se seu chefe virá ao trabalho de mau humor ou qual oficial de admissões analisará sua inscrição para a faculdade — são coisas que não dependem de você.

Sobre o que você tem algum controle, o que pode melhorar, é a qualidade das suas decisões. E, quando tomar decisões de melhor qualidade, aumentará suas chances de coisas boas acontecerem para você.

Acredito que isso é uma coisa bem pouco controversa de se dizer: é importante melhorar seus processos de decisão, pois trata-se da única coisa que você tem para determinar a qualidade de sua vida.

Mesmo que a importância de tomar decisões de qualidade pareça óbvia, é surpreendente como poucas pessoas podem realmente articular como é um bom processo.

Isso é algo que venho pensando em toda a minha vida adulta. Primeiro, como estudante de doutorado em Ciências Cognitivas. Depois, como jogadora profissional de pôquer, quando tenho de tomar decisões rápidas e de alto risco com frequência, envolvendo dinheiro real, em um ambiente no qual a sorte tem uma influência óbvia e significativa em seus resultados de curto prazo. E, durante os últimos 18 anos, como consultora de negócios em decisões estratégicas, ajudando executivos, equipes e colaboradores a tomar melhores decisões. (Sem mencionar como mãe, tentando criar quatro crianças felizes e saudáveis.)

O que vivenciei em todos esses diferentes contextos é que as pessoas, geralmente, são muito superficiais em explicar como alguém pode tomar uma decisão de qualidade.

Essa dificuldade não se limita apenas a jogadores de pôquer novatos, estudantes universitários ou funcionários novos. Mesmo quando pergunto a executivos em nível de chefia — que são tomadores de decisões em tempo integral, literalmente — como é um processo de decisão de alta qualidade, as respostas que recebo são desconexas: "Confio em meus instintos"; "Sigo o consenso de um comitê"; "Peso as alternativas fazendo uma lista de prós e contras.".

Na verdade, isso não surpreende. Fora das diretrizes vagas sobre o incentivo às habilidades de pensamento crítico, a tomada de decisões não é explicitamente ensinada na educação infantil até o ensino médio. Se você quer *aprender* sobre tomar grandes decisões, é improvável que encontre uma aula sobre o assunto até a faculdade ou depois, e mesmo assim apenas como eletiva.

Não é à toa que não temos uma abordagem comum. Não temos nem mesmo uma linguagem comum para falar sobre a tomada de decisões.

As consequências de ser incapaz de articular o que torna uma decisão boa podem ser desastrosas. Afinal, sua tomada de decisões é a coisa mais importante sob a qual você tem controle e que o ajudará a alcançar seus objetivos.

Foi por isso que escrevi este livro.

Como Decidir oferecerá uma estrutura para pensar sobre como melhorar suas decisões, bem como um conjunto de ferramentas para executar nessa estrutura.

Então, o que é uma boa ferramenta de decisão?

Uma ferramenta é um dispositivo ou implemento usado para realizar uma função em particular. Um martelo é a ferramenta usada para pregar. Uma chave de fenda é a ferramenta usada para apertar parafusos. Há uma simplicidade elegante de se cumprir as tarefas se você tiver a ferramenta certa para o trabalho certo.

- Uma boa ferramenta tem um uso que pode ser repetido com segurança. Em outras palavras, se você usar a mesma ferramenta da mesma maneira, pode esperar obter os mesmos resultados.

- A forma correta de se usar uma ferramenta pode ser ensinada a outra pessoa, de forma que ela possa usar a mesma ferramenta de modo confiável para o mesmo propósito.

- Após usar uma ferramenta, você pode examinar se a usou corretamente ou não, e o mesmo pode ser feito por outras pessoas.

Isso significa que algumas das coisas que até mesmo os CEOs usam para tomar decisões acabam sendo ferramentas muito ruins.

Seu instinto — não importa quanta experiência você tenha ou quanto sucesso você teve no passado — não é, realmente, uma boa ferramenta de decisão.

Não é que usar a intuição não o leve a uma boa decisão. Até pode acontecer. Mas você não pode saber se esse é o caso de um relógio quebrado acertando a hora duas vezes ao dia ou se seu instinto é um tomador de decisões bem-ajustado, pois ele é uma caixa-preta.

Tudo o que você pode ver é o resultado do seu instinto. Você não pode voltar e examinar com fidelidade como ele chegou a uma decisão. Você não pode olhar em seu instinto para saber como ele está operando. Seu instinto é único para você. Não é possível "ensinar" o seu instinto para alguém, de forma que essa pessoa possa usar a sua intuição para tomar decisões. Você não pode ter certeza de que está usando seu instinto da mesma maneira todas as vezes.

Isso significa que sua intuição nem mesmo se qualifica como ferramenta de decisão.

Também há coisas, como uma lista de prós e contras, que tecnicamente são ferramentas, mas podem não ser as *corretas*. O que você aprenderá com este livro é que uma relação de prós e contras não é uma ferramenta de decisão particularmente eficaz se estiver tentando chegar mais perto de uma decisão objetivamente. É como usar um martelo para pregar pequenos pregos e esperar que ele funcione bem para quebrar asfalto.

Por razões que ficarão claras, uma boa ferramenta de decisão busca reduzir o papel do viés cognitivo (como excesso de confiança, viés de retrospectiva ou viés de confirmação) e uma lista de prós e contras tende a ampliar o papel do viés.

Introdução xxi

A ferramenta de decisão ideal

Qualquer decisão, em essência, é uma previsão do futuro.

Quando você está tomando uma decisão, seu objetivo é escolher a opção que lhe dá mais espaço para atingir os seus objetivos, levando em consideração o quanto você está disposto a arriscar. (Ou, às vezes, se não houver boas opções, é escolher a que fará com que você se prejudique menos.)

É raro uma decisão ter apenas um resultado possível. Para a maioria, existem muitas maneiras de o futuro se desenrolar. Se você estiver escolhendo um trajeto para o seu trabalho, há muitos resultados possíveis, qualquer que seja o escolhido: o trânsito pode estar leve ou pesado, um pneu pode furar, você pode ser parado por excesso de velocidade e assim por diante.

Por existirem muitas possibilidades futuras, tomar a melhor decisão depende da sua habilidade para imaginar com precisão como o mundo seria se você escolhesse qualquer uma das opções que está considerando.

Isso significa que a ferramenta ideal de decisão seria uma *bola de cristal*.

Com uma bola de cristal, você teria o conhecimento perfeito do mundo, de todas as opções disponíveis e, por poder ver o futuro, você saberia com certeza como qualquer uma dessas escolhas poderia resultar.

Sempre há videntes prometendo uma maneira fácil de ver o futuro. Mas, infelizmente, a bola de cristal só funciona na ficção. E mesmo lá, como em *O Mágico de Oz*, há ilusões. Construir um bom processo de decisão com uma caixa de ferramentas robusta o ajudará a chegar o mais próximo possível do que a cartomante está prometendo, mas você está fazendo isso por si mesmo de uma forma que mudará significativamente o potencial de sua vida.

É claro que mesmo o melhor processo de decisões e as melhores ferramentas não mostrarão o futuro com a claridade e a certeza que você obteria com uma bola de cristal. Mas isso não significa que melhorar seu processo não seja uma meta que valha a pena perseguir.

Caso seu processo de decisão se torne melhor do que é agora — *melhorar* a precisão de seus conhecimentos e crenças, a forma como você compara as opções disponíveis e sua capacidade de prever o futuro que pode resultar dessas opções — vale a pena buscar isso.

O caminho para uma melhor tomada de decisões: um breve roteiro deste livro

Intuitivamente, parece que uma das melhores maneiras de aperfeiçoar decisões futuras é aprender com o resultado das anteriores. É aí que este livro vai começar, com o aprimoramento de sua capacidade de aprender com a experiência.

Nos três primeiros capítulos, você encontrará algumas das maneiras pelas quais tentar aprender com a experiência pode desviá-lo e levá-lo a algumas conclusões muito ruins sobre como você determina se uma decisão passada foi boa ou ruim. Além de apontar os perigos de aprender com a experiência, o livro apresentará várias ferramentas para se tornar mais eficiente na compreensão do que o passado tem a lhe ensinar.

Por que as coisas aconteceram dessa maneira? Qualquer resultado é determinado em parte por sua escolha, e em parte pela sorte. Descobrir o equilíbrio entre a sorte e a habilidade em relação a como as coisas acontecem alimenta suas crenças, que informarão suas decisões futuras. Sem uma estrutura sólida para examinar suas decisões anteriores, as lições que você aprendeu com sua experiência serão comprometidas.

Começando no Capítulo 4, o foco muda para novas decisões, oferecendo uma estrutura para o que é um processo de decisão de alta qualidade e um conjunto de ferramentas para implementar esse processo. É aqui que você compreenderá as virtudes de construir um equivalente à bola de cristal, focando a qualidade da decisão na força das suposições fundamentadas que você faz sobre um futuro incerto, incluindo inúmeras maneiras de melhorar a qualidade das crenças e do conhecimento que são a base de suas previsões e decisões consequentes.

Como você pode imaginar, um *kit* de ferramentas versátil e bem abastecido, que permite a execução do processo de decisão de alta qualidade, pode levar muito mais tempo e esforço do que olhar para um pedaço de vidro imaginário que lhe dá um conhecimento perfeito do futuro. Tirar esse tempo extra terá um efeito profundo e positivo em suas decisões mais importantes.

Mas nem todas as decisões merecem usar toda a força do seu *kit* de ferramentas.

Se você estiver montando uma cômoda que vem com um conjunto de parafusos, pode ficar tentado a usar um martelo para economizar tempo, se não tiver uma chave de fenda à mão. Mas, em outras vezes, você pode quebrar a cômoda ou criar um risco para a saúde por causa da má qualidade.

O problema é que simplesmente não somos bons em reconhecer quando sacrificar essa qualidade *não é* um bom negócio. Saber quando o martelo é bom o suficiente é uma meta-habilidade que vale a pena desenvolver.

O Capítulo 7 apresentará um conjunto de modelos mentais que o ajudará a pensar sobre quando aplicar um processo robusto de tomada de decisão e quando você tem a margem de manobra para aplicar um processo mais simples para acelerar as coisas. Isso não acontecerá até o fim do livro, porque é necessário ter uma compreensão firme de como pode ser um processo de decisão totalmente formado antes de descobrir quando e como você pode tomar atalhos.

Saber quando é certo economizar tempo faz parte de um processo de decisão.

Introdução **xxiii**

Os capítulos finais do livro oferecem formas de identificar com mais eficiência os obstáculos que podem estar em seu caminho e as ferramentas para melhor aproveitar o conhecimento e as informações que outras pessoas têm. Isso inclui obter *feedback* de outras pessoas e evitar armadilhas da tomada de decisão da equipe, especialmente o pensamento de grupo.

Como usar este livro

Você encontrará, ao longo do livro, exercícios, experimentos mentais e modelos que poderá usar para reforçar os modelos mentais, as estruturas e as ferramentas de decisão oferecidos nestas páginas.

Você obterá o máximo deste livro se pegar um lápis e experimentá-los. Mas os exercícios não são obrigatórios. Você ainda vai tirar muito proveito se não interagir totalmente com todos eles. De qualquer forma, os exercícios, as ferramentas, as definições, as tabelas, os rastreadores, as planilhas, os resumos e os *checklists* devem ajudá-lo como referências contínuas. Eles devem ser copiados, reutilizados, compartilhados e reexaminados.

Da mesma forma, você obterá o máximo deste livro ao lê-lo na ordem em que o material é apresentado. Muitas ideias se baseiam nas que vieram antes delas.

No entanto, os capítulos abrangem suficientemente todos os conhecimentos necessários para entendê-los, para que você possa pular de paraquedas em qualquer um que achar interessante e no qual queira começar.

"Nos ombros de gigantes"

Este livro é a síntese, a tradução e a aplicação prática de ideias de muitos dos grandes pensadores e cientistas em psicologia, economia e outras disciplinas, que dedicaram suas vidas a estudar a tomada de decisões e o comportamento. Qualquer contribuição que este livro faça para melhorar a tomada de decisão, parafraseando Newton e outros, depende do quanto eu me beneficiei por estar sobre ombros de gigantes.

Você encontrará, espalhadas pelo texto, notas de capítulo e nos agradecimentos, referências ao trabalho de cientistas e profissionais específicos nesse espaço. Se um conceito lhe interessar, além de tais fontes, você deve olhar as referências gerais e a seção de leituras adicionais, para mergulhar mais fundo em assuntos que tratei de forma mais leve.

1
Resultado

OS RESULTADOS NO RETROVISOR PODEM PARECER MAIORES DO QUE SÃO

Todos os exercícios neste livro foram feitos para ajudá-lo a obter uma visão sobre a maneira como você processa as informações. Para tirar o proveito máximo deles, é importante que você siga seu primeiro instinto ao responder em vez de tentar descobrir a resposta "certa". Não existem respostas certas ou erradas — apenas uma perspectiva sobre como você pensa.

[1]
Pulando de um Emprego para Outro

1 Imagine-se saindo do seu emprego para outra função em uma nova empresa.

O emprego é maravilhoso! Você adora seus colegas, sente-se realizado em sua função e, em um ano, recebe uma promoção.

Foi uma boa decisão sair do seu emprego e assumir a nova função? (Marque somente um.)   SIM   NÃO

2 Imagine-se saindo do seu emprego para outra função em uma nova empresa.

O emprego é um desastre. Você está infeliz e, em um ano, foi demitido.

Foi uma boa decisão sair do seu emprego e assumir a nova função? (Marque somente um.)   SIM   NÃO

APOSTO QUE SEU INSTINTO lhe disse que, no primeiro caso, sair do emprego foi uma boa decisão e, no segundo, foi uma má decisão. Não fica a sensação de que, se tudo deu certo, deve ter sido uma ótima decisão deixar o antigo emprego? Ou, se não, foi algo ruim?

O fato é que em nenhum dos casos dei a você qualquer informação significativa sobre o processo usado para chegar à decisão. Só dei duas informações: (1) uma descrição básica — e idêntica — do que entrou na decisão e (2) o resultado da decisão.

Mesmo que você não tenha nenhum detalhe sobre o processo decisório, quando digo como as coisas ficaram, é como se você *realmente soubesse* algo sobre se a decisão foi boa ou ruim.

E essa sensação de que o *resultado* da decisão diz a você algo significativo sobre a *qualidade* do processo decisório é tão poderosa que, mesmo quando a descrição da decisão é *idêntica* (você sai do emprego e vai para uma nova função), a sua visão dessa decisão muda conforme a qualidade do resultado.

Você pode identificar esse fenômeno em todos os aspectos da vida.

Você compra ações. O preço delas quadruplica. Parece ter sido uma ótima decisão. Você compra ações. Elas vão a zero. Parece ter sido uma decisão horrível.

Você passa seis meses tentando conquistar novos clientes/compradores. Eles se tornam sua maior conta. Parece ter sido um ganho de tempo e uma ótima decisão. Você passa seis meses tentando conquistar um novo cliente e nunca fecha negócio. A sensação é a de desperdiçar seu tempo e, consequentemente, ter tomado uma decisão horrível.

Você compra uma casa. Cinco anos depois, ao vendê-la, consegue 50% a mais do que pagou. Ótima decisão! Você compra uma casa. Cinco anos depois, ao vendê-la, seu valor está bem abaixo do mercado. Péssima decisão!

Você começa a fazer CrossFit e, após os primeiros dois meses, perdeu peso e ganhou massa muscular. Ótima decisão! Mas, se você deslocar seu ombro com apenas dois dias de prática, foi uma péssima escolha.

Em todos os campos, o rabo do resultado está abanando o cão da decisão. Há um nome para isso: **resultado**.

Quando as pessoas *resultam*, elas buscam saber se o resultado é bom ou ruim para definir se a decisão foi boa ou ruim. (Psicólogos chamam isso de "viés de resultado", mas prefiro o termo mais intuitivo "resultado.") Pegamos esse atalho de resultado porque não podemos "ver" claramente se a decisão foi boa ou ruim, principalmente após o fato ocorrer, mas podemos claramente ver se o resultado foi bom ou ruim.

Resultar é uma maneira de simplificar as avaliações complexas de qualidade de decisão. O problema? *Simples nem sempre é melhor.*

Qualidade de decisão e qualidade de resultado são, é claro, correlatas. Mas não perfeitamente, ao menos não na maioria das decisões que tomamos e, certamente, não quando temos somente uma chance de decidir. A relação entre as duas pode levar muito tempo para se concretizar.

Em uma única instância (saí do meu emprego e tudo acabou muito mal), é difícil de dizer se um resultado ruim (ou um bom) ocorreu *por causa* da qualidade da decisão. Às vezes, tomamos boas decisões e elas acabam bem; às vezes, tomamos boas decisões e elas acabam mal.

> **RESULTADO**
>
> **Um atalho mental no qual usamos a qualidade de um resultado para descobrir a qualidade de uma decisão.**

Você pode avançar um sinal vermelho e passar pelo cruzamento ileso, ou passar no verde e sofrer um acidente. Isso significa que trabalhar para trás, a partir da qualidade de um único resultado, a fim de descobrir se uma decisão foi boa ou ruim, levará a algumas conclusões ruins.

Resultar pode fazer você pensar que avançar o sinal vermelho é uma boa ideia.

Uma parte necessária de se tornar um melhor tomador de decisões é aprender com a experiência. É nela que estão as lições para melhorar futuras decisões. O resultado o leva a aprender as lições erradas.

Resultado

[2]
A Sombra do Resultado

Para ser honesta, no primeiro exercício, não dei informações suficientes para descobrir se a decisão foi boa ou ruim por seus méritos. Talvez sua mente apenas preencha as lacunas quando não há muito o que fazer, como o que acontece com algumas ilusões visuais. Isso não quer dizer que o resultado o leve a boas conclusões nessas circunstâncias. Todos nós aprenderíamos melhor se não preenchêssemos automaticamente os espaços em branco porque conhecemos o resultado. Mas talvez o resultado esteja limitado a situações em que você não tem muitas informações sobre a decisão.

Nossa tendência para o resultado desaparece quando não estamos operando em um vazio de informações?

Vamos a outro exemplo, em que preenchemos alguns desses espaços em branco, para descobrir.

1 Você compra um carro elétrico e o está adorando. É um veículo fantástico, feito por um gênio da tecnologia amplamente aclamado como um visionário. Com base na sua experiência com o carro, você compra ações da empresa.

Após dois anos, as ações da empresa disparam e seu investimento aumenta 20 vezes em valor.

Classifique como você se sentiu com relação à qualidade da decisão de investir, em uma escala de 0 a 5, na qual 0 é uma péssima decisão e 5, uma ótima:

Péssima Decisão   0   1   2   3   4   5   Ótima Decisão

Escreva abaixo as razões para a sua nota:

_____
_____
_____
_____
_____

2 Você compra um carro elétrico e o está adorando. É um veículo fantástico, feito por um gênio da tecnologia amplamente aclamado como um visionário. Com base na sua experiência com o carro, você compra ações da empresa.

Após dois anos, a empresa faliu e você perdeu seu investimento.

Classifique como você se sentiu com relação à qualidade da decisão de investir, em uma escala de 0 a 5, na qual 0 é uma péssima decisão e 5, uma ótima:

Péssima Decisão   0   1   2   3   4   5   *Ótima Decisão*

Escreva abaixo as razões para a sua nota:

_____

_____

_____

_____

_____

Resultado ⬭ 5

Se você é como a maioria das pessoas, interpretou os detalhes sobre por que comprou ações sob uma perspectiva diferente, dependendo se o resultado foi bom ou ruim.

Para o bom resultado, provavelmente você interpretou os detalhes da decisão de investir de uma forma mais positiva: você teve uma experiência pessoal com o produto e isso deve contar muito. Afinal, se você adorou o carro, é provável que outras pessoas também adorem. Além disso, o gênio da tecnologia é conhecido por ser bem-sucedido, portanto, se ele está comandando a empresa, é provável que seja um bom investimento.

Mas, quando a empresa fracassa, o resultado ruim pode fazê-lo ver esses mesmos detalhes sob uma ótica diferente. Agora é mais provável que seu raciocínio inclua como escolher uma ação com base na sua experiência pessoal não é um substituto para a diligência concreta. A firma está dando lucro? Pode dar? Qual é o peso da dívida deles? Terão acesso ao capital até atingirem a lucratividade? Poderão atender à demanda e aumentar a capacidade de manufatura? Talvez você fosse um consumidor muito feliz, porque eles estavam perdendo rios de dinheiro em cada venda.

Isso, é claro, não se limita a decisões sobre investimentos.

Você sai do seu emprego para se unir a uma promissora startup porque ela lhe oferece capital próprio. Ela vira o próximo Google. Ótima decisão! Você sai do seu emprego para se unir a uma promissora startup porque ela lhe oferece capital próprio. Ela vai à falência após um ano. Você fica desempregado por seis meses e gasta suas economias. Péssima decisão!

Você escolhe uma faculdade porque quer ir para a mesma da sua namoradinha do colégio. Você se forma com louvor, casa com sua namoradinha do colégio e consegue um emprego incrível. Escolher aquela faculdade foi uma ótima decisão.

Você escolhe uma faculdade porque quer ir para a mesma da sua namoradinha do colégio. Em seis meses vocês terminam. Você decide mudar de curso e a faculdade não tem um bom programa no seu novo curso. Você odeia a cidade onde está a faculdade. E, ao final do primeiro ano, pede transferência. Escolher aquela faculdade foi uma péssima decisão.

Em todos esses casos, a qualidade do resultado filtra como vemos a decisão, *mesmo quando temos detalhes idênticos sobre o processo de decisão*, porque a qualidade do resultado determina como interpretamos esses detalhes.

Esse é o poder do resultado.

Quando o resultado é ruim, é fácil focar os detalhes que sugerem que o processo de decisão foi ruim. Achamos que estamos vendo a qualidade da decisão de forma racional porque *o processo ruim é óbvio.*

Mas, uma vez que o resultado é invertido, nós descontamos ou reinterpretamos as informações sobre a qualidade da decisão porque o resultado nos leva a escrever uma história que se encaixa no final.

A qualidade do resultado lança uma sombra sobre nossa capacidade de ver a qualidade da decisão.

RESULTADO
QUALIDADE DA DECISÃO

Queremos que a qualidade do resultado se alinhe com a qualidade da decisão. Queremos que o mundo faça sentido dessa forma, seja menos aleatório do que é. Ao tentar obter esse alinhamento, perdemos de vista o fato de que, para a maioria das decisões, as coisas podem acabar de muitas maneiras.

> Há mais resultados possíveis do que aquele que realmente acontece.

A experiência deveria ser a nossa melhor professora, mas às vezes traçamos uma conexão entre a qualidade do resultado e a qualidade da decisão, que é muito estreita. Fazer isso distorce a nossa capacidade de usar essas experiências para descobrir quais decisões foram boas e quais foram ruins.

O resultado turva a nossa bola de cristal.

Resultado 7

Agora que você já sabe o que é o resultado, pense sobre alguma vez na vida em que você resultou. Use o espaço abaixo para descrevê-la:

_____

_____

_____

Se você quer alguns exemplos, retorne às primeiras perguntas que fiz: quais foram a melhor e a pior decisões que você tomou no ano passado? O objetivo de anotar isso é que a maioria das pessoas não pensa muito sobre suas melhores e piores *decisões*. Normalmente, elas começam pensando nos seus melhores e piores *resultados* e trabalham para trás, a partir daí.

Isso se deve ao resultado.

[3]
Caixa da Sorte

Para cada decisão, há formas diferentes do futuro se desenrolar — algumas melhores, outras piores. Quando você toma uma decisão, ela torna certos caminhos possíveis (mesmo que você não saiba aonde eles levarão) e outros impossíveis. A decisão que você toma determina *que conjunto de resultados são possíveis e qual a probabilidade de cada um deles*. Mas não determina qual deles realmente acontecerá.

Tornar-se um melhor tomador de decisões significa ser um melhor profeta do conjunto de possíveis futuros. Este livro foi desenvolvido para aprimorar suas habilidades, deixando-o mais perto de ter uma bola de cristal. Mas, como os videntes nos avisam, "o futuro parece nebuloso", porque a forma como ele eventualmente se desenrolará sempre é incerta.

Em outras palavras, há um fator importante que influencia a forma como as nossas vidas se transformam: sorte.

A sorte é o que interfere entre a sua decisão (que tem uma gama de resultados possíveis) e o resultado que você realmente obtém.

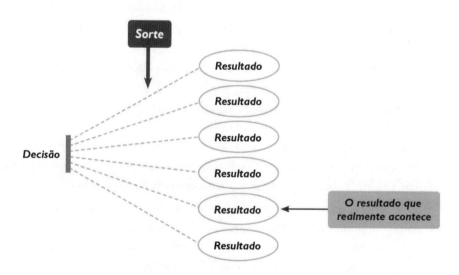

Como qualquer decisão determina apenas o conjunto de resultados possíveis (alguns bons, alguns ruins, alguns intermediários), isso significa que bons resultados podem advir de decisões boas e ruins; e resultados ruins, de decisões boas e ruins.

Podemos pensar na relação entre a qualidade da decisão e a do resultado assim:

Qualidade do Resultado

	Bom	Ruim
Bom	RECOMPENSA MERECIDA	AZAR
Ruim	PURA SORTE	TER O QUE MERECE

Qualidade da Decisão

- Uma *Recompensa Merecida* vem quando você toma uma decisão de boa qualidade, que resulta em um bom resultado, como quando você passa pelo sinal verde e atravessa o cruzamento em segurança.

- *Pura Sorte* vem quando você toma uma decisão de baixa qualidade que traz um bom resultado. Você pode estar esperando no sinal e não perceber que ele ficou verde, porque está profundamente encantado com o tuíte mais importante do mundo. Se, enquanto você está sentado lá, sem conseguir passar pelo cruzamento, por acaso evita se envolver em um acidente com um carro cujo motorista ignorou o sinal vermelho em sua direção e disparou por ali, isso não significa que conferir o Twitter ao dirigir seja uma boa decisão. É pura sorte.

- O *Azar* vem quando você toma uma decisão de boa qualidade que traz um resultado ruim. Você pode passar pelo sinal verde e se envolver em um acidente com alguém entrando na via. Isso é um resultado ruim, mas que não ocorreu porque sua decisão de seguir as leis de trânsito foi ruim.

- *Ter o Que Merece* significa tomar uma decisão ruim que traz um resultado ruim, como avançar um sinal vermelho e se envolver em um acidente.

Obviamente, há vários outros exemplos de todas essas quatro categorias na história de tomada de decisões de todos. Às vezes, suas grandes decisões acabam sendo ótimas; em outras, o azar atrapalha. Às vezes, suas decisões erradas terminam em algo trágico; outras vezes, você tem sorte.

Mas o resultado pode fazer com que você perca de vista o papel da sorte em como as coisas acontecem.

Uma vez que sabemos o resultado, geralmente tratamos as coisas como se fossem apenas Recompensas Merecidas ou Ter o Que Merece. Pura Sorte e Azar desaparecem.

Qualidade do Resultado

	Bom	**Ruim**
Bom	**RECOMPENSA MERECIDA**	**AZAR**
Ruim	**PURA SORTE**	**TER O QUE MERECE**

Qualidade da Decisão

Quando se trata de aprender com a experiência, essas sombras podem lhe fazer aprender várias lições ruins.

Quando você toma uma decisão que tem apenas 10% de chance de um resultado ruim, você terá, por definição, um resultado ruim em 10% das vezes. E, graças ao resultado, nesses 10% das vezes você corre o risco de pensar que a escolha foi ruim depois do fato, mesmo que tivesse 90% de chances de dar certo. Foi uma boa decisão, mas a sua experiência terá lhe ensinado a não tomar decisões como essa novamente no futuro.

Este é o custo do resultado.

Agora, vamos tirá-lo da sombra do resultado, preenchendo *todas* as células da matriz com exemplos da sua própria vida.

Primeiro, pense em um momento da sua vida no qual as coisas correram bem e você considerou que suas decisões também foram boas. Escreva, resumidamente, a situação na célula Recompensa Merecida a seguir.

Em seguida, relembre quando nada dava certo na sua vida e você pensou que suas decisões foram boas. Escreva, resumidamente, na célula Azar.

Depois, pense em uma fase da vida na qual as coisas correram bem e você pensou que suas decisões foram ruins. Escreva, resumidamente, na caixa Pura Sorte.

Por fim, pense em um momento da sua vida no qual as coisas deram errado e você pensou que suas decisões foram igualmente ruins. Escreva, resumidamente, na célula Ter o Que Merece abaixo.

Qualidade do Resultado

	Bom	Ruim
Bom	RECOMPENSA MERECIDA	AZAR
Ruim	PURA SORTE	TER O QUE MERECE

Qualidade da Decisão

Como Decidir

[4]

Quando Coisas Ruins Acontecem com Boas Decisões (e Vice-versa!): separando qualidade de resultado e qualidade de decisão

Agora, vamos nos aprofundar no par de decisões que você identificou nas quais a qualidade da decisão não se alinha com a do resultado final, Azar e Pura Sorte.

1 O que você identificou como seu resultado de Azar?

_____

Descreva algumas das razões pelas quais você acredita que sua tomada de decisão foi boa, apesar do resultado ruim. Essas razões podem incluir, por exemplo, a probabilidade desse resultado ruim (ou qualquer conjunto de resultados indesejáveis) ocorrer, as informações que entraram na tomada de decisão ou a qualidade do conselho que você buscou:

_____

_____

_____

Liste ao menos três razões por que você teve um resultado ruim, apesar de sua tomada de decisão ter sido boa. Ou seja, quais foram algumas das coisas fora de seu controle ou que você não antecipou em seu processo de decisão original?

_____

_____

_____

Quais são, pelo menos, três outros cenários que poderiam ter acontecido, dadas as decisões que você tomou?

_____

_____

_____

_____

Resultado 13

2 O que você identificou como resultado da sua Pura Sorte?

_____

Descreva algumas das razões pelas quais você pensa que sua tomada de decisão foi ruim, apesar do resultado bom:

_____

_____

_____

_____

Liste ao menos três razões por que você teve um resultado bom, apesar de sua tomada de decisão ter sido ruim. Ou seja, quais foram algumas das coisas fora do seu controle ou que você não antecipou no processo de decisão original?

_____

_____

_____

_____

Quais são, pelo menos, três outros cenários que poderiam ter acontecido, dadas as decisões que você tomou?

_____

_____

_____

_____

3 Foi mais fácil pensar em um exemplo de: Azar ou Pura Sorte? (Marque uma.)

Azar   _Pura Sorte_

Por que você pensa que uma foi mais difícil que a outra?

_____

_____

14 _Como Decidir_

Se você é como a maioria das pessoas, é mais fácil culpar o azar por um resultado ruim do que creditar à boa sorte um bom resultado.

Quando coisas ruins acontecem, é reconfortante saber que pode não ser sua culpa. A sorte o deixa fora de perigo, permitindo que você ainda se sinta bem com a sua tomada de decisão, apesar de um resultado indesejável. Ela dá uma saída que ajuda a sua autoestima, permitindo que você se veja de uma maneira positiva, apesar das coisas não funcionarem.

Por outro lado, levar crédito por bons resultados é bom. Ao permitir o papel da sorte na criação de seu resultado positivo, você renuncia à sensação incrível de se sentir inteligente e no controle. Quando se trata de bons resultados, a sorte atrapalha sua autonarrativa.

Para se tornar um melhor tomador de decisões, é imperativo explorar ativamente todas as quatro formas pelas quais a qualidade da decisão e a qualidade do resultado se relacionam.

Não é fácil estar disposto a abrir mão do crédito que vem de sentir que você fez coisas boas acontecerem, mas vale a pena no longo prazo. Pequenas mudanças enquanto você percebe a sorte que, de outra forma, deixaria de lado terão uma grande influência na maneira como a sua vida será. Essas pequenas mudanças agem como juros compostos que pagam grandes dividendos na sua futura tomada de decisões.

> Se formos deixados por conta própria, notaremos um pouco de azar, mas negligenciaremos a maior parte da pura sorte.

A experiência pode ensiná-lo bastante sobre como melhorar sua tomada de decisões, mas só se você prestar atenção. Desenvolver a disciplina de separar a qualidade do resultado da qualidade da decisão pode ajudá-lo a descobrir quais decisões valem a pena repetir e quais não.

[5]
O Outro Impacto Resultante na Aprendizagem: não espere por erros de decisão para encontrar oportunidades de aprendizagem

Ao ajustar demais a qualidade da decisão à qualidade do resultado, você corre o risco de repetir erros de decisão que, graças à sorte, precederam um bom resultado. Você também pode *evitar* repetir *boas* decisões que, por sorte, não funcionaram.

O resultado tem um maior efeito no aprendizado quando o resultado e a qualidade da decisão estão desalinhados.

Menos óbvio, mas não menos importante, há lições a serem aprendidas com as Recompensas Merecidas que são facilmente esquecidas.

1 Volte à tabela que você preencheu anteriormente nesta seção. O que você identificou como resultado de suas Recompensas Merecidas?

___

Descreva alguns dos motivos pelos quais você imagina que sua tomada de decisão foi boa. Eles podem incluir sua avaliação da probabilidade de ocorrência de um resultado ruim (ou qualquer conjunto de resultados indesejáveis), as informações que entraram na tomada de decisão ou a qualidade do conselho que você buscou:

___

___

___

___

Agora, tire um tempo para pensar sobre *o que poderia ter sido melhor* sobre a decisão.

Algumas perguntas a considerar:

Você poderia ter obtido mais e melhores informações antes de decidir?	SIM	NÃO
Você poderia ter decidido mais rápido?	SIM	NÃO
Você poderia ter demorado mais tempo com a decisão?	SIM	NÃO

Você obteve informações após o fato, mas que poderia saber de antemão, e que potencialmente teriam mudado sua decisão?   *SIM   NÃO*

Houve resultados possíveis ainda melhores do que o resultado que você obteve?   *SIM   NÃO*

Caso sim, se você tivesse tomado uma decisão diferente, poderia ter aumentado a probabilidade desses resultados melhores ocorrerem?   *SIM   NÃO*

Você consegue pensar em alguma razão pela qual você tomaria uma decisão diferente se tivesse que fazer tudo de novo?   *SIM   NÃO*

Mesmo que você provavelmente chegasse à mesma decisão, consegue pensar em maneiras de melhorar seu processo de decisão, se tivesse que fazê-lo novamente?   *SIM   NÃO*

2 Use o espaço abaixo e reflita sobre cada uma das respostas "sim" marcadas:

_____

_____

_____

_____

_____

_____

_____

_____

_____

3 Explorar os casos em que a qualidade da decisão e a qualidade do resultado se alinham é tão importante quanto analisar os casos em que isso não ocorre. Para as Recompensas Merecidas, você pode ter tomado uma decisão e obtido um bom resultado, mas ainda pode encontrar lições valiosas examinando essas decisões.

O mesmo ocorre com Ter o Que Merece.

Tire um momento para voltar a esse exercício e refletir sobre como você pode aplicar as mesmas perguntas àqueles momentos em que a qualidade do resultado e a qualidade da decisão foram ruins.

Resultado   17

Mesmo quando você toma uma boa decisão, isso não significa que foi a *melhor*. Na verdade, raramente é. Esforçar-se para melhorar significa estar disposto a lutar contra a complacência que pode advir de uma boa decisão que leva a um bom resultado.

Aprender com a experiência é o que lhe permite tomar melhores decisões à medida que avança. O resultado impede você de aprimorar a visão em sua bola de cristal, tornando-o um previsor pior do futuro, porque você pula as lições que poderia obter do passado.

> **Não presuma que você não pode encontrar boas lições úteis enquanto dá a volta olímpica.**

Um custo traiçoeiro do resultado é que você não questiona sua avaliação quando a qualidade da decisão e a qualidade do resultado se alinham. Quando isso acontece, principalmente quando as coisas deram certo, é mais provável que suas decisões permaneçam sem exame, enquanto você apenas aceita sua intuição que diz: "Não há nada para ver aqui."

[6]
Revendo sua Melhor e sua Pior Decisões

Volte ao que você identificou no início do livro como sua melhor e sua pior decisões.

Como você se sente sobre aquelas respostas agora? Mudou de ideia? Após refletir, essas foram realmente a sua melhor e a sua pior decisões (livre da influência do resultado)? Você pode ver mais claramente como a qualidade dos resultados influenciou sua escolha da melhor e da pior decisões?

Use o espaço abaixo para reflexão.

Após refletir, inclua outras decisões que você possa adicionar à consideração de melhor/pior.

_____
_____
_____
_____
_____
_____
_____
_____
_____
_____
_____
_____
_____
_____
_____
_____
_____
_____

Resultado

O RESULTADO NOS TRAZ FALTA de compaixão por nós mesmos e pelos outros.

Quando alguém tem um resultado ruim em sua vida, julgamos sua tomada de decisão ruim por conta disso. Fica mais fácil culpá-los pelo caminho que as coisas tomaram. Não é preciso ter compaixão, porque o resultado foi sua culpa.

E isso não é só com os outros. Nos falta compaixão quando fazemos essas conexões em nossas próprias vidas. Nos punimos quando as coisas não funcionam da forma como esperávamos.

No que diz respeito aos bons resultados, não estamos prestando um serviço a ninguém ao potencialmente ignorar seus erros simplesmente porque funcionou. Definitivamente estamos nos prejudicando, não apenas no aprendizado, mas na avaliação da nossa autoestima com base em como as coisas aconteceram, e não em se tomamos uma boa decisão dadas as circunstâncias.

[7]

Resumo

Esses exercícios foram projetados para fazer você pensar sobre os seguintes conceitos:

- **Resultado** é a tendência de observar se o resultado foi bom ou ruim para visualizar se a decisão foi boa ou ruim.

- **Consequência** lança uma sombra sobre o processo de decisão, levando você a ignorar ou distorcer informações sobre o processo, fazendo com que sua visão da qualidade da decisão se ajuste à qualidade do resultado.

- Em curto prazo, para qualquer decisão simples, há somente uma relação solta entre a qualidade da decisão e a qualidade do resultado. Os dois estão correlacionados, mas a relação pode levar muito tempo para se concretizar.

- **Sorte** é o que interfere entre a sua decisão e o mundo real. O resultado diminui a sua visão do papel de sorte.

- Você não pode dizer muito sobre a qualidade de uma decisão a partir de um único resultado, por causa da sorte.

- Quando você toma uma decisão, raramente pode garantir um bom resultado (ou um ruim). Em vez disso, o objetivo é tentar escolher a opção que levará à *gama* **de resultados** mais favorável.

- Tomar melhores decisões começa com aprender com as experiências. O resultado interfere nesse aprendizado, levando-o a repetir algumas decisões de baixa qualidade e a parar de tomar decisões de alta qualidade. Também lhe impede de examinar decisões de boa qualidade/resultados bons (bem como decisões de má qualidade/resultados ruins), que ainda oferecem lições valiosas para decisões futuras.

- O resultado reduz a compaixão quando se trata de como tratamos os outros e a nós mesmos.

CHECKLIST

☐ O quanto o resultado está atrapalhando seu julgamento (ou o julgamento de alguém que você observou) sobre a qualidade da decisão?

☐ Mesmo que decisões ruins precedam resultados ruins, você consegue identificar boas decisões durante o processo? Você consegue identificar algumas maneiras em que o processo de chegar à decisão foi bom?

☐ Mesmo que decisões boas tenham levado a bons resultados, você consegue identificar algumas formas nas quais a decisão poderia ser melhor? Você pode identificar algumas maneiras de melhorar o processo de tomada de decisão?

☐ Quais são os fatores fora do controle do tomador de decisão (que pode ser você), incluindo ações de outras pessoas?

☐ De que outras formas as coisas poderiam ter acontecido?

HÁ MUITO TEMPO EM UMA SÉRIE DE FILMES MUITO, MUITO DISTANTE...

Star Wars foi um sucesso estrondoso. O filme original custou us$11 milhões para ser produzido e sua bilheteria total superou os us$775 milhões. Isso é só a ponta do *iceberg*: foram feitas 11 *outras* produções de sucesso financeiro (para uma bilheteria mundial total, nem mesmo levando em consideração a inflação para alguns números que têm 40 anos, de mais de us$10,3 bilhões no início de 2020), uma indústria gigantesca de mercadorias relacionadas e parques temáticos. Além disso, a Disney pagou us$4 bilhões para comprar os direitos da franquia em 2012.

Após assistir ao filme de ficção científica de George Lucas, *THX 1138,* no Festival de Cannes, o estúdio United Artist assinou com o diretor por dois anos. *Star Wars* foi oferecido em primeira mão ao estúdio, que o rejeitou.

Anteriormente, o estúdio já havia rejeitado *Loucuras de Verão,* que se tornou um grande sucesso.

Vários outros estúdios também rejeitaram *Star Wars,* incluindo a Universal (que se redimiu ao distribuir *Loucuras de Verão*) e a Disney (que pagou *400 vezes mais* o que teria gastado no início dos anos 1970 pela franquia 35 anos depois). O consenso é que o United Artists, a Universal e a Disney, cada um de sua forma, cometeu um erro colossal. O Syfy Wire, um dos vários sites que cobrem a longa história da franquia de filmes, teve uma visão típica, referindo-se à qualidade da decisão do UA: "Tenha em mente que esse era o estúdio que estava ocupado lançando outra sequência de *A Pantera Cor-de-Rosa*, então não estavam muito interessados em filmes que não eram seguros ou que eram remotamente ruins."

A dificuldade em fazer *Star Wars* é uma das principais razões pelas quais as pessoas repetem o que o falecido William Goldman, lendário romancista e roteirista, disse sobre Hollywood: "NINGUÉM SABE DE NADA."

Essas são conclusões fáceis de tirar, e praticamente todo mundo as faz. No entanto, ignoramos muitas coisas quando fazemos isso. Usando o formato de apontamento nesse exercício, estas são maneiras de reconhecer a conclusão de que foi um grande erro ignorar *Star Wars*:

Outras maneiras pelas quais a decisão poderia ter resultado — mesmo sem saber muito sobre a indústria do cinema, quando um filme é só um conceito, como *Star Wars* no momento que Lucas o lançou, muitas coisas poderiam ter acontecido. Seu conceito poderia ser ótimo, mas parecer terrível quando executado, us$10 milhões depois. Nenhum

Resultado 23

dos astros era um grande nome. Se Lucas colocasse outros atores no elenco, o filme poderia ter fracassado. A audiência massiva poderia ter decidido não se interessar por filmes de ficção científica. Uma recessão poderia ocorrer justo quando o filme fosse lançado e manteria as pessoas longe dos cinemas.

Informações que foram esquecidas ou não poderiam ser conhecidas — não sabemos como foi a decisão quando Lucas apresentou *Star Wars* para esses estúdios. A 20th Century Fox, que aceitou o filme, não agiu como se tivesse uma franquia de sucesso garantido. Lucas e os executivos da Fox disseram em entrevistas que o estúdio não entendeu o que o diretor estava tentando fazer. Parecia a eles um projeto maluco, mas o chefe do estúdio disse a Lucas: "Não entendi isso, mas amei *Loucuras de Verão*, e tudo o que você fizer está bom para mim."

Inferências irracionais sobre o processo de decisão impulsionado pelo resultado — o que não vemos são quaisquer decisões semelhantes que esses estúdios tomaram para rejeitar filmes que acabaram sendo ótimas decisões.

Falta de dados para tirar conclusões sobre o quão boa foi a decisão — até que você olhe para toda a lista de filmes de um estúdio e avalie o que eles compraram e o que recusaram, está chegando a uma conclusão com base em informações insuficientes.

Portanto, é difícil chegar a uma conclusão sobre a qualidade da decisão a partir de um só resultado. Esse resultado não deve contar tanto como uma maior quantidade de dados (em todas as decisões que os executivos do estúdio tomaram e seus resultados gerais) ou dados de maior qualidade (em como a decisão parecia quando foi apresentada aos estúdios).

2
Como Diz o Velho Ditado, Retrospectiva Não É 20/20

[1]

Reduzindo o Pulo de Emprego

1. Você cresceu na Flórida e foi para a faculdade na Geórgia. Logo após a faculdade, recebeu duas ofertas de emprego: uma na Geórgia e outra em Boston.

A de Boston é a melhor oportunidade de carreira, mas você está muito preocupado com o clima na Nova Inglaterra. Afinal, você cresceu no Sul dos Estados Unidos. Você visita Boston em fevereiro para ver como é o clima no inverno e decide que não é assim tão ruim — não o suficiente para descartar a melhor oportunidade.

Então, aceita o emprego em Boston.

Você está infeliz!

Depois de alguns meses em seu primeiro inverno, você não aguenta mais o frio e a escuridão. Apesar do trabalho ser tudo o que você desejou, você pede demissão quando fevereiro chega novamente e volta para casa.

Circule na próxima página quantas coisas você acha que pode estar dizendo a si mesmo ou que pode ouvir de outras pessoas quando voltar para casa:

*Um amigo diz:
"Eu sabia que você odiaria Boston."
(Narrador: "Ele não disse nada antes.")*

Eu devia ter previsto isso. O trabalho nunca seria tão bom para justificar o clima frio.

Eu devia saber que não aguentaria o inverno. É óbvio que odiaria aquilo. Cresci no Sul dos Estados Unidos!

Eu sabia que deveria ter aceitado o emprego na Geórgia.

Um amigo diz: "Sabia que você estaria de volta em um ano."

Todos temos, em nossas vidas, essas pessoas que dizem "eu avisei" — verbalizando ou não.

E a maioria de nós é muito boa em se autocondenar, imaginando como não vimos que acabaria da maneira como acabou, se era tão óbvio.

É por isso que, se você é como a maioria das pessoas, provavelmente está se perguntando por que não havia a opção "todas as alternativas acima".

2 Você cresceu na Flórida e foi para a faculdade na Geórgia. Logo após a faculdade, recebeu duas ofertas de emprego: uma na Geórgia e outra em Boston.

A de Boston é a melhor oportunidade de carreira, mas você está muito preocupado com o clima na Nova Inglaterra. Afinal, você cresceu no Sul dos Estados Unidos. Você visita Boston em fevereiro para ver como é o clima no inverno e decide que não é assim tão ruim — não o suficiente para descartar a melhor oportunidade.

Então, aceita o emprego em Boston.

Você amou!

O inverno não é um problema. Na verdade, você realmente gostou da neve e até se tornou um *snowboarder* fanático! Além disso, o emprego é tudo o que você sonhou.

Você acaba ficando em Boston por um longo tempo.

Como Decidir

Qual é a probabilidade de você dizer a si mesmo: "Eu não acredito que quase não escolhi o emprego, porque estava preocupado com o clima. Eu devia saber que o inverno não seria um problema."?

Muito Improvável   0   1   2   3   4   5   *Muito Provável*

Qual é a probabilidade de alguém próximo dizer algo como "eu disse que tudo ficaria bem! Eu sabia que você amaria! Você deveria saber que o clima não importa muito para a felicidade, de qualquer maneira!"? (Narrador: "Eles não falaram nenhuma dessas coisas anteriormente.")

Muito Improvável   0   1   2   3   4   5   *Muito Provável*

Suponho que a sua reação instintiva foi que ambos seriam muito prováveis.

Logicamente, a decisão sobre qual emprego aceitar era a mesma, não importa como fosse: você acredita que o melhor emprego é em Boston, mas quão grande será o fator clima em sua felicidade geral?

O problema é que você não experimentou o inverno completo da Nova Inglaterra, então não pode saber a resposta para essa pergunta *antes de experimentar o clima do inverno por si mesmo.*

Você sente a agonia sobre a decisão de se mudar para Boston. Você odeia aquilo. Como poderia não saber?

Você sente a agonia sobre a decisão de se mudar para Boston. Você amou aquilo. Como poderia não saber?

Mesma decisão, resultados opostos. Mas de qualquer forma, amando ou odiando, você sente que deveria saber que seria assim. De qualquer forma, você sente que o resultado era inevitável. De qualquer forma, seus amigos estão dizendo "eu sabia!".

Nem é preciso dizer que você não pode saber que vai odiar *e* saber que vai adorar ao mesmo tempo. Mas é assim que todos nós nos sentimos.

Então, o que acontece?

O que acontece é um **viés retrospectivo**.

Quando você toma uma decisão, há coisas que você sabe e coisas que você não sabe.

Uma das coisas que definitivamente você não sabe é qual de todos os resultados possíveis que poderiam acontecer será o que realmente acontecerá.

Mas após o fato, *uma vez que você sabe o que realmente aconteceu*, sente que deveria saber ou que sabia o tempo todo. O resultado real lança uma sombra sobre a sua capacidade de lembrar o que você sabia no momento da decisão.

RESULTADO
SEU CONHECIMENTO NO MOMENTO DA DECISÃO

O resultado faz você pensar que sabe algo sobre se uma decisão foi boa ou ruim, porque você sabe se o resultado é bom ou ruim.

O viés retrospectivo aumenta a confusão causada por saber o resultado, distorcendo a sua memória do que você sabia no momento da decisão de duas maneiras:

1. Você *sabia* o que ia acontecer — trocando sua visão real no momento da decisão por uma memória defeituosa dessa visão para se conformar com seu reconhecimento pós-resultado.

2. Você *deveria* (ou *poderia*) saber o que aconteceria — ao ponto da previsibilidade ou da inevitabilidade.

É claro, isso não é só você com as suas próprias decisões. É você com as decisões de outras pessoas e outras pessoas com as suas decisões.

Você sabe o que é pior do que passar a vida com o arrependimento de pensar que deveria saber? Ter esse arrependimento *e* ter todo mundo dizendo "eu te avisei".

> **VIÉS RETROSPECTIVO**
>
> **É a tendência a acreditar que um evento, depois que ele ocorre, era previsível ou inevitável. Também é referido como o pensamento "sabe-tudo" ou "determinismo rasteiro".**

[2]
Eu traço: identificando seu próprio viés retrospectivo

Você compra algumas criptomoedas. Seu investimento quintuplica. Você diz aos seus amigos: "Eu avisei. Vocês também deviam ter investido!"

A criptomoeda quebra e você perde todo o dinheiro investido. Você se martiriza, dizendo: "Eu devia saber que tinha que vender na alta!"

Você está tentando levar um acordo de vendas ao limite e ele não se concretiza. Você se pune porque deveria saber que estava indo longe demais.

Em algumas semanas, o cliente volta à mesa, aceitando o negócio nos seus termos. Você sabia que era um bom plano desde o início e diz a qualquer um que quiser ouvir: "Eu te disse!"

Pistas

Não há pistas verbais ou mentais óbvias que indiquem o resultado. Não é comum ouvir alguém dizer em alto e bom som: "Esta decisão foi terrível porque estou me baseando a partir de um resultado terrível para determinar que a decisão foi terrível."

Mas há pistas óbvias que indicam o viés retrospectivo, como "não posso acreditar que não vi isso", ou "eu sabia", ou "eu avisei", ou "eu devia saber".

Treinar-se para ouvir essas dicas mentais e verbais é uma boa maneira de aprimorar suas habilidades de detecção do viés retrospectivo.

Agora, vamos nos aprofundar em alguns exemplos de viés retrospectivo em sua própria vida.

Aqui está um exemplo atual que ouvi no supermercado. (Aliás, mercados são laboratórios incríveis para estudar o comportamento humano!)

Homem: Eu ouvi você falando ao telefone. Amei seu sotaque. Você é italiana?

Mulher: Não, grega.

Homem: Eu sabia!

1 Pense em um exemplo "Eu Sabia o Tempo Todo", um momento em que você disse a alguém ou a si mesmo algo como "Eu sabia que seria assim" ou quando alguém disse isso a você.

Escreva a decisão e o resultado:

_____

_____

_____

O que você disse para si ou para a outra pessoa? Quais foram as pistas mentais e/ou verbais do viés retrospectivo que estavam em jogo?

_____

_____

_____

O que você sentiu que sabia o tempo todo ou o que a pessoa disse que sabia o tempo todo?

_____

_____

_____

As informações que você ou a outra pessoa pensaram que sabiam o tempo todo foram algo que se revelou depois do fato, como o que realmente aconteceu? (Marque uma.)   *SIM   NÃO*

2 Pense em um exemplo de "Eu Devia Saber", um momento em que você disse a si mesmo ou a outra pessoa algo como "Eu devia saber!" ou "Como você não percebeu isso?" ou uma época em que alguém disse isso a você.

Escreva a decisão e o resultado:

_____

_____

_____

_____

Como Diz o Velho Ditado, Retrospectiva Não É 20/20 (31)

O que você disse para si ou para a outra pessoa? Quais foram as pistas mentais e/ou verbais do viés retrospectivo que estavam em jogo?

_____

_____

_____

O que você ou a outra pessoa achavam que deveriam saber?

_____

_____

_____

A informação que você, ou a outra pessoa, pensou que você/ela deveria ter sabido foi em relação a algo que se revelou após o fato, como a forma que realmente aconteceu? (Marque uma.) *SIM* *NÃO*

A coisa mais comum que as pessoas sentem que "sabiam" é a informação que só se revela após o fato, mais particularmente qual dos resultados possíveis realmente aconteceu.

A ***deformação de memória*** é a reconstrução da sua memória daquilo que você sabia que o viés retrospectivo criaria.

> **DEFORMAÇÃO DE MEMÓRIA**
>
> Quando o que você sabe após o fato se deforma em sua memória em relação ao que você sabia antes do fato.

O negócio é o seguinte: se você não se lembra do passado, aprenderá lições inúteis com sua experiência.

Isso pode confundir de duas maneiras:

1. Você não se lembrará do que sabia no momento da decisão. Isso tornará mais difícil de julgar se a decisão foi boa ou ruim. Para avaliar a qualidade de uma decisão e aprender com a sua experiência, você precisa avaliar o seu estado de espírito honestamente e lembrar o que era ou não conhecido com a maior precisão possível.

2. O viés retrospectivo faz você sentir como se o resultado fosse muito mais previsível do que realmente foi. Isso pode levá-lo a repetir algumas decisões de baixa qualidade e parar de tomar decisões de alta qualidade.

O viés retrospectivo pode transformar uma bola de cristal em uma casa dos espelhos.

[3]
O Que Você Sabia? E Quando Você Soube?

Nossas memórias não têm marca do tempo.

Quando você abre um arquivo em um computador, pode ver a "data de criação" e a "data de modificação". Infelizmente, nossos cérebros não trabalham dessa forma.

Deixada por sua própria conta, a memória de seu conhecimento no momento de uma decisão pode ser distorcida por saber o resultado. Você pode ajudar a remediar a deformação da memória reservando um tempo para reconstruir deliberadamente o que era conhecido antes de uma decisão e o que foi revelado apenas após o fato.

Podemos visualizar isso utilizando um Rastreador de Conhecimento, assim:

RASTREADOR DE CONHECIMENTO

Coisas que você sabia antes da decisão: a soma de seus conhecimentos e suas crenças no momento da decisão. Para nossos propósitos aqui, especificamente o material que você utilizou para tomar a decisão.

Coisas que você soube depois do resultado: isso inclui todas as coisas que você sabia antes da decisão e *as novas coisas que aprendeu após tomá-la*. Para nossos propósitos aqui, estamos nos concentrando em novas informações que se revelaram depois que o futuro se desenrolou.

Usar o *Rastreador de Conhecimento* reduz o viés retrospectivo ao clarificar o que você sabia e o que não sabia no momento da decisão. Detalhar o que você sabia e quando soube ajuda a evitar que coisas que se revelaram após o fato entrem na caixa antes dele.

Agora, vamos tentar usar o Rastreador de Conhecimento para os exemplos de viés retrospectivo que você acabou de identificar em sua própria vida. Pense em três coisas-chave que influenciaram a decisão, descreva a decisão e o resultado e, em seguida, aponte três coisas que se revelaram somente após o fato.

Como exemplo, veja como você pode usar o Rastreador de Conhecimento para a decisão sobre aceitar o emprego em Boston.

Veja como pode parecer quando você se muda para Boston e o resultado é a sua desistência após seis meses:

RASTREADOR DE CONHECIMENTO

Coisas que você sabia antes da decisão	*Decisão*	*Resultado*	*Coisas que você soube depois do resultado*
1. Temperatura média, duração do inverno e queda de neve em Boston. 2. Detalhes sobre a oportunidade de trabalho. 3. Sua experiência durante a visita em fevereiro.	Aceitar o emprego em Boston.	Largar após seis meses.	1. Sua experiência durante os meses de inverno em Boston. 2. O quanto você gostou do emprego. 3. Que desistiu do trabalho após seis meses e voltou para casa.

Veja como ele pode ficar quando você se muda para Boston e tudo dá mais do que certo, com ótimos resultados:

RASTREADOR DE CONHECIMENTO

Coisas que você sabia antes da decisão	Decisão	Resultado	Coisas que você sabe depois do resultado
1. Temperatura média, duração do inverno e queda de neve em Boston. 2. Detalhes sobre a oportunidade de trabalho. 3. Sua experiência durante a visita em fevereiro.	→ Aceitar o emprego em Boston.	→ Você segue no emprego.	→ 1. Sua experiência durante os meses de inverno em Boston. 2. Você é um ótimo praticante de snowboard. 3. Que permanece em Boston por muito tempo.

Agora preencha o Rastreador de Conhecimento para um exemplo em que você exibiu viés retrospectivo:

RASTREADOR DE CONHECIMENTO

Coisas que você sabia antes da decisão	Decisão	Resultado	Coisas que você soube depois do resultado
1.	→	→	→ 1.
2.			2.
3.			3.

36 *Como Decidir*

Rastrear seu estado de conhecimento antes e depois do
resultado ajudou a reduzir a deformação de memória?   *SIM   NÃO*

Rastrear seu conhecimento o ajudou a ver que há coisas
que você não poderia saber, mesmo que sinta que deveria
sabê-las?   *SIM   NÃO*

Use o espaço abaixo para reflexão adicional sobre a experiência de usar o
Rastreador de Conhecimento:

_____

_____

_____

_____

_____

_____

_____

_____

É DIFÍCIL EVITAR essa sensação de que você sabia o tempo todo. É difícil evitar aquele pressentimento de que você deveria saber. É irreal presumir que você pode parar completamente com essa resposta intuitiva.

Mas quanto mais você identificar o viés retrospectivo, especialmente por estar atento às pistas verbais e mentais que o acompanham, melhor para você.

A forma como você processa as experiências informa sobre suas futuras decisões. Reconhecer as "coisas que você sabia antes do fato" e as "coisas que se revelaram somente depois do fato" ajuda a evitar que o viés retrospectivo distorça o que você aprende com a sua experiência. Você terá menos probabilidade de tomar decisões futuras com base em um senso errôneo do que você sabia ou deveria saber. Assim como também o ajudará a punir menos a si ou aos outros.

Rastrear seu conhecimento cria o carimbo de data/hora que pode se perder na distorção do viés retrospectivo.

> **VACINA CONTRA O VIÉS RETROSPECTIVO**
>
> Como você estava usando o Rastreador de Conhecimento, pode ter lhe ocorrido que seria uma boa ideia registrar as "coisas que você sabia antes da decisão" *enquanto está no processo de tomada de decisão.*
>
> Pode ser difícil lembrar com precisão o que você sabia antes do fato, uma vez que já sabe o resultado. O registro no diário oferece algo concreto para se basear.
>
> Anotar os principais fatos que informam a sua decisão também atua como uma vacina contra o viés retrospectivo. Pensar sobre o que você sabe no momento da decisão dessa forma mais deliberativa cria um registro de data e de hora mais claro, evitando a deformação da memória antes que isso aconteça.
>
> Mais adiante neste livro, nos aprofundaremos em como memorizar melhor as decisões.

[4]
Você Pode Encontrar o Viés Retrospectivo em Qualquer Lugar

Agora que você já conhece o viés retrospectivo, reserve alguns dias para ouvir exemplos dele no trabalho ou em casa, acompanhando notícias ou esportes, ou seu chefe, amigos e família. Mais importante ainda, preste atenção quando você se surpreender em flagrante.

Reflita a seguir sobre dois exemplos que você encontrou.

1 **Exemplo 1:**

Descreva-o resumidamente:

_____
_____
_____

Circule a forma de viés retrospectivo envolvida: *Sempre soube*   *Deveria saber*

Haviam pistas verbais ou mentais?   SIM   NÃO

Se sim, quais eram?

_____
_____
_____
_____

Complete o Rastreador de Conhecimento para esse exemplo.

Se o exemplo envolve a decisão de outrem, você obviamente não pode saber com certeza o que essa pessoa sabia no momento da decisão. Mas isso não significa que você não deve tentar se colocar no lugar dela e dar seu melhor palpite sobre o que era razoável que ela soubesse. Você pode até tentar pedir a ela que preencha as lacunas para você.

RASTREADOR DE CONHECIMENTO

Coisas que você sabia antes da decisão	Decisão	Resultado	Coisas que você soube depois do resultado
1.	$\longrightarrow$	$\longrightarrow$ $\longrightarrow$	1.
2.			2.
3.			3.

2 Exemplo 2:

Descreva-o resumidamente:

_____

_____

_____

Circule a forma de viés retrospectivo envolvida: *Sempre soube*   *Deveria saber*

Haviam pistas verbais ou mentais?   SIM   NÃO

Se sim, quais eram?

_____

_____

Complete o Rastreador de Conhecimento para esse exemplo.

RASTREADOR DE CONHECIMENTO

Coisas que você sabia antes da decisão	*Decisão*	*Resultado*	*Coisas que você soube depois do resultado*
1.	→	→ →	1.
2.			2.
3.			3.

Viés retrospectivo e compaixão

O viés retrospectivo, assim como o resultado, nos faz perder compaixão por nós mesmos e pelos outros. A fim de pensar sobre o que era razoável para alguém saber, temos que ter empatia por eles. Geralmente, não temos tempo para fazer isso e, em vez disso, fazemos julgamentos precipitados.

Rapidamente culpamos o tomador de decisão de um resultado ruim, deixando de nos colocar no lugar dele no momento da decisão (por exemplo, "você nos atrasou para o aeroporto com seu atalho idiota. Como você não sabia que haveria um tráfego tão ruim?").

Isso é verdade mesmo quando somos o tomador de decisão e estamos *em nossa própria pele*.

Essa falta de empatia não é limitada aos resultados ruins. O viés retrospectivo nos faz punir indevidamente a nós mesmos e aos outros por sermos cuidadosos ou angustiados por uma decisão que funciona bem (por exemplo, "por que perdi tanto tempo me preocupando com o clima?").

[5]
Resumo

Esses exercícios foram projetados para fazer você pensar sobre os seguintes conceitos:

- **Viés retrospectivo** é a tendência a acreditar que um resultado, após ocorrer, era **previsível** ou **inevitável**.

- O viés retrospectivo, assim como o resultado, é uma manifestação da influência descomunal dos resultados. Nesse caso, o resultado lança uma sombra sobre a sua capacidade de lembrar com precisão o que você sabia no momento da decisão.

- O viés retrospectivo distorce a maneira como você processa os resultados de duas maneiras: **devia saber** e **sabia o tempo todo**.

- O viés retrospectivo é frequentemente conectado com um conjunto de pistas verbais ou mentais. (Veja os exercícios nas seções (2) e (4) para exemplos que você identificou, assim como o *checklist* a seguir.)

- Depois de saber o resultado de uma decisão, você pode experimentar uma **deformação de memória**, que ocorre quando as coisas que se revelam após o fato se inserem em sua memória do que você sabia ou era conhecido por você antes de tomar a decisão.

- Para aprender com as suas escolhas e os seus resultados, você precisa se esforçar para ser preciso sobre o que sabia no momento de sua decisão.

- O **Rastreador de Conhecimento** é uma ferramenta que pode ajudar a separar o que você já sabe do que você aprendeu subsequentemente.

- O viés retrospectivo nos leva a perder a compaixão por nós mesmos e pelos outros.

CHECKLIST

Identifique o viés.

☐ "Eu devia saber isso."

☐ "Eu avisei."

☐ "Eu sempre soube."

Use o espaço abaixo para adicionar a essa lista de pistas dos exercícios em (2) e (4):

_____

_____

_____

_____

_____

_____

Aborde o viés.

☐ (1) Houve alguma informação que foi revelada após o fato?

☐ (2) Essa informação era *razoavelmente* reconhecível no momento da decisão? Se você tiver um registro diário do que sabia no momento da decisão, consulte-o.

☐ (3) A conclusão sobre a previsibilidade do resultado foi baseada em informações desconhecidas no momento da decisão?

☐ (4) Após responder às três primeiras perguntas, reavalie o quão previsível foi o resultado.

Como Diz o Velho Ditado, Retrospectiva Não É 20/20

Você Não Sabe Que Há um Erro na Eleição até o Fim Dela

Em 8 de novembro de 2016, Hillary Clinton perdeu a eleição presidencial para Donald Trump, em grande parte porque teve desempenho inferior em três estados-chave: Michigan, Pensilvânia e Wisconsin. Esses estados eram parte do "muro azul" do tradicional apoio democrata. Ela perdeu os estados por pequenas margens, somando apenas 80 mil votos em 14 milhões.

O fracasso em levar Michigan, Pensilvânia e Wisconsin transformou o que teria sido uma vitória eleitoral de 278 a 260 na improvável vitória de Donald Trump por 306 a 232.

A opinião prevalecente é que a campanha de Clinton perdeu a eleição por negligenciar esses três estados-chave. Pesquise no Google "Clinton campaign Michigan Pennsylvania Wisconsin" e você verá artigo após artigo criticando sua campanha por sua terrível estratégia:

- *HOW THE RUSTBELT PAVED TRUMP'S ROAD TO VICTORY* (TheAtlantic.com, 10 de novembro de 2016)
- *THE CLINTON CAMPAIGN WAS UNDONE BY ITS OWN NEGLECT AND A TOUCH OF ARROGANCE, STAFFERS SAY* (HuffPost.com, 16 de novembro de 2016)
- *REPORT: NEGLECT AND POOR STRATEGY HELPED COST CLINTON THREE CRITICAL STATES* (Slate.com, 17 de novembro de 2016)

Isso tudo parece razoável, certo? Obviamente, a estratégia de campanha de Clinton foi péssima. Ela devia ter feito uma campanha mais forte nesses três estados e, como os negligenciou, perdeu a eleição.

Aqui está o problema: observe as datas das matérias.

Todas essas notícias são de *depois das eleições.*

Rolei 10 páginas no Google e não consegui encontrar qualquer crítica específica sobre Michigan, Pensilvânia e Wisconsin de antes das eleições. Embora haja uma abundância de artigos de opinião criticando outros aspectos da estratégia de campanha de Clinton, nenhum deles antecipou esse problema específico.

Na verdade, poucas matérias pré-eleitorais sobre a estratégia dos candidatos nesses estados foram críticas a Trump por perder tempo fazendo campanha neles:

- *WHY WAS DONALD TRUMP CAMPAIGNING IN JOHNSTOWN, PENNSYLVANIA?* (WashingtonPost.com, 22 de outubro de 2016)
- *WHY IS DONALD TRUMP IN MICHIGAN AND WISCONSIN?* (NewYorker.com, 31 de outubro de 2016)

44 *Como Decidir*

Houve pesquisa em vários estados antes das eleições, incluindo a Flórida, a Carolina do Norte e New Hampshire. E foi ali que Clinton concentrou sua campanha.

Enquanto isso, as pesquisas a colocaram vários pontos na frente na Pensilvânia, em Michigan e em Wisconsin.

Em retrospecto, é fácil ver que provavelmente houve um erro de pesquisa nesses três estados, já que Trump superou significativamente as pesquisas neles.

Mas aqui está o problema sobre os erros nas eleições: você sabe que há um erro somente depois que a votação é realizada.

Os erros nas eleições se revelam apenas após o fato, não antes.

Para piorar as coisas, não houve um erro de votação nacional. As pesquisas nacionais rastrearam com bastante precisão a margem pela qual Clinton ganhou no voto popular. Nem foi um erro sistemático de votação do *estado*.

Como a campanha de Clinton poderia saber, antes da votação, que há um problema exatamente nesses três estados (mas não em outros)? Não parece que ela poderia, pelo menos não com base em informações publicamente disponíveis.

No entanto, há uma abundância de "ela deveria saber", dos eruditos. Também há muitos "eu sempre soube" deles, embora uma simples pesquisa no Google revele que, se eles sempre souberam, era o segredo mais bem-guardado da política.

3
O Multiverso da Decisão

[1]
Uma Ideia Cabeluda

Você detesta salões e corta o próprio cabelo para não ter que ir até eles.

Isso lhe dá uma ideia de desenvolver um aplicativo chamado O Reino do Pente (Kingdom Comb, no original), que aproxima as pessoas que não querem ir a um salão aos cabeleireiros dispostos a irem até o cliente.

Você quer reivindicar sua parte na economia crescente de trabalhadores autônomos e está confiante de que a ideia é triunfante!

Você se demite e investe suas economias no empreendimento. Você também levanta capital entre amigos e familiares.

O céu, no entanto, não está aberto para o Reino do Pente. A sua *startup* fracassa porque o aplicativo nunca atinge a massa crítica. Você gastou seu dinheiro (e o de seus amigos e familiares).

Você fica ainda mais endividado durante os seis meses que leva para encontrar outro emprego e se sente culpado pelo dinheiro que perdeu, afetando negativamente seu relacionamento com aqueles que investiram na ideia.

Você volta a cortar o próprio cabelo.

Daqui para a frente, você duvida cada vez mais do seu julgamento sobre carreira e decisões financeiras.

Você aceita um emprego como desenvolvedor em uma pequena empresa, mas se esforça para ficar quieto sempre que as discussões de negócios envolvem inovação ou novos empreendimentos.

Escreva abaixo ao menos três outros possíveis resultados para o Reino do Pente:

1. _____

_____

2. _____

_____

3. _____

_____

Voltaremos a isso em instantes.

[2]
O Paradoxo da Experiência

A experiência é necessária para o aprendizado. Mas processamos essa experiência de uma forma viciada. Isso significa que cada retorno que você precisa para se tornar um melhor tomador de decisões pode interferir na sua habilidade de aprender boas lições com a experiência.

Isso cria um paradoxo.

Muita experiência pode ser uma professora excelente. Uma única experiência, nem tanto.

Olhando para um conjunto grande o suficiente de decisões e resultados, podemos começar a descobrir as lições que a experiência pode nos oferecer. Olhando para apenas um desfecho, conseguimos resultado e viés retrospectivo.

Aí é que está o problema: processamos os resultados sequencialmente, tratando cada um deles como se fosse único. Não paramos e esperamos para atualizar nossas crenças até que tenhamos dados suficientes para superar a relação incerta entre resultados e decisões.

Geralmente, um único resultado não nos fala muita coisa sobre se a decisão foi boa ou ruim. Mas agimos como se falasse. Agimos como se jogar cara ou coroa fosse o suficiente.

Esse é o paradoxo.

O fato de os resultados individuais desempenharem um papel desproporcional fornece uma pista de como resolver o paradoxo. Precisamos reduzir os resultados, mais perto de seu tamanho apropriado. Um bom primeiro passo para conseguir isso é colocar um resultado individual no contexto de todos os outros resultados que poderiam ocorrer.

> **O PARADOXO DA EXPERIÊNCIA**
>
> **A experiência é necessária para o aprendizado, mas as experiências individuais muitas vezes interferem na aprendizagem.**

Sua linha do tempo, sua realidade, consiste nas decisões que você tomou e em seus resultados. Sua experiência é construída apenas a partir das coisas que realmente aconteceram.

Se você pudesse vislumbrar outras linhas do tempo que poderiam ter se materializado caso as coisas tivessem acontecido de forma diferente, você daria um grande passo para melhorar sua capacidade de descobrir quando (e o que) aprender com os resultados.

Como você faz isso? *Explorando o multiverso da decisão.*

O Multiverso da Decisão 49

[3]
Floresta de Decisão: o massacre da motosserra cognitiva

IMAGINE-SE PARADO NA base de uma árvore, olhando para diferentes galhos.

NO MOMENTO DA DECISÃO
Galhos = possíveis resultados

Quando você está tomando uma decisão, vê as possibilidades futuras como galhos de uma árvore, cada um representando a forma como as coisas podem se desenrolar.

Quanto mais grosso o galho, mais provável será o resultado. Quanto menor o galho, menos provável o resultado. Alguns galhos se ramificam de várias maneiras. Essas ramificações representam coisas que podem ocorrer no futuro, dependendo do que acontecer ao longo do caminho.

É assim que parece o futuro, quando está à sua frente: uma árvore de possibilidades.

Uma criança imagina se tornar bombeiro, médico, jogador profissional de tênis astronauta ou ator.

Ou você imagina se apaixonar, desapaixonar, economizar o suficiente para a aposentadoria, ficar aquém disso, conseguir pizza para o jantar, ir à academia, obter uma promoção, mudar de carreira, ou se tornar médico.

No momento em que você está decidindo, olhando para o futuro, para o que pode acontecer, consegue enxergar inúmeras possibilidades. E pode vê-las no contexto de todas as outras coisas que podem acontecer.

Você vê o multiverso antes de decidir.

O QUE ACONTECERÁ COM AQUELA árvore cheia de possibilidades quando o futuro se desdobrar e um daqueles galhos que eram apenas uma possibilidade se tornar o único galho que realmente acontece?

Sua mente leva uma motosserra para a árvore, deixando-a com apenas aquele galho, que representa o resultado que você obteve.

É como se todos tivéssemos crescido e tivéssemos o mesmo emprego dos sonhos: operador de motosserra.

A ÁRVORE APÓS O RESULTADO

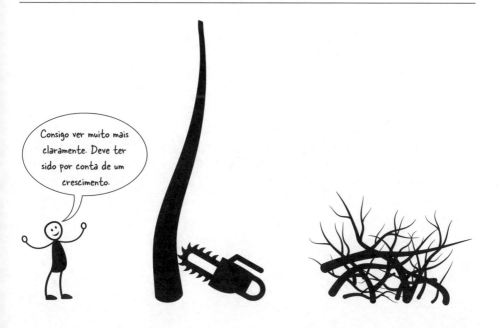

O Multiverso da Decisão

Depois de saber como as coisas aconteceram, você corta todos aqueles galhos que representam futuros possíveis que não ocorreram, deixando apenas um galho. Cognitivamente, você deixa todos os outros esquecidos no chão.

Há muitos futuros possíveis, mas apenas um passado. Isso faz com que o passado pareça inevitável, já que mesmo o mais ínfimo dos galhos agora parece o mais grosso deles, porque é a única coisa que você pode ver.

O multiverso some de vista.

A Terra tinha que ser redonda. Os dinossauros tinham que ser extintos. Os humanos tinham que evoluir como espécie dominante do planeta. Os Aliados tinham que vencer a Segunda Guerra Mundial. A Amazon tinha que se tornar a varejista online dominante.

Você tinha que nascer, dos seus pais, no momento e no lugar em que nasceu.

[4]
Desligando a Motosserra Cognitiva: remontando a árvore

O primeiro passo para tentar resolver o paradoxo da experiência é remontar a árvore.

Pegue esses galhos no chão e cole-os na árvore para que você possa ver o resultado em seu contexto adequado. Ao fazer isso, um resultado improvável começará a se parecer mais com o galho que era do que com o galho grosso que se tornou.

Você pode colocar esses galhos de volta na árvore, reservando um tempo para esboçar um conjunto razoável de resultados, aproximando mais de perto a aparência da árvore no momento da decisão, em vez de como ela aparece para você depois de saber como as coisas acabaram.

Obviamente, seria difícil esboçar imagens de árvores reais por todo o lugar. Mas desenhar uma versão simples e abstrata de uma árvore é um bom começo para ver os resultados com mais clareza, no contexto adequado.

DIGAMOS que você está tentando entender melhor o que o resultado da decisão de aceitar o emprego em Boston tem para lhe ensinar. Veja como você pode reconstruir a árvore ao se demitir após seis meses.

Comece esboçando a decisão que você tomou e o resultado que ocorreu, assim:

Decisão	Resultado
Aceitar o emprego em Boston. →	Você adora o emprego, mas o inverno é tão ruim que acabou desistindo.

Se você fosse colocar aquela árvore de volta no lugar, veja como poderia fazer isso:

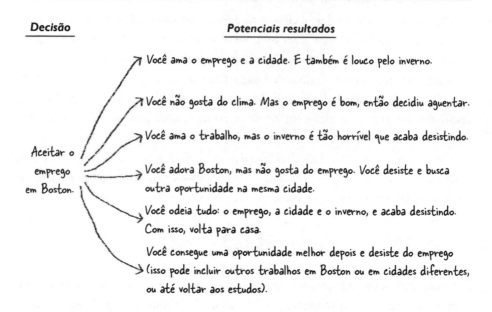

O que você está começando a criar é a base de uma ***árvore de decisão***, uma ferramenta valiosa para avaliar decisões passadas e melhorar a qualidade das novas. Desenvolveremos essa ferramenta ao longo deste livro.

Repare nesse exemplo que alguns resultados possíveis são melhores que o que você obteve e outros são piores. Geralmente, isso será verdade quando você reconstruir essas árvores. Raramente, o resultado que aconteceu se situará em qualquer extremo, melhor ou pior.

Deixado por conta própria, pode parecer que aceitar o emprego em Boston foi uma má decisão. Pode parecer que você deveria saber que não aguentaria o clima. Mas o que essa árvore mostra é que não era inevitável que você odiasse o inverno ou que adoraria o trabalho, ou que sairia de Boston, ou que ficaria.

Vamos voltar ao Reino do Pente.

1 **Lembrando, você desenvolveu o Reino do Pente para aproximar as pessoas que não querem ir a um salão cortar o cabelo aos cabeleireiros dispostos a ir até elas.**

A sua *startup* fracassa porque o aplicativo jamais alcança a massa crítica. Você gasta seu dinheiro (e o de amigos e familiares).

(Se achar útil, pode voltar ao início deste capítulo para reler o cenário completo.)

a. Lembre a decisão que tomou e o resultado que conseguiu:

Decisão   *Resultado*

b. Usando os resultados potenciais que você identificou no exercício de abertura, desenhe a árvore:

Decisão　　　　　　　　*Potenciais resultados*

Agora, aqui está outro cenário:

2 **Você detesta salões e corta o próprio cabelo para não ter que ir até eles.**
Isso lhe dá uma ideia de desenvolver um aplicativo chamado O Reino do Pente, que aproxima as pessoas que não querem ir a um salão para cortar o cabelo aos cabeleireiros dispostos a irem até o cliente.

Você quer reivindicar sua parte na economia crescente de trabalhadores autônomos e está confiante de que a ideia é triunfante!

Você se demite e investe suas economias no empreendimento. Você também levanta capital entre amigos e familiares.

Acaba que os céus se abrem para o Reino do Pente. Ele se mostra promissor, garante financiamento adicional e atrai a atenção de empresas de caronas e redes de salões. Você aceita uma oferta para vender o aplicativo, antes de gerar receita, para uma dessas empresas por US$20 milhões.

Sua família e seus amigos conseguem um retorno enorme no investimento, assim como você.

Você é cortejado por outras *startups* e grandes empresas de tecnologia. Com a escolha, você iniciou uma ótima carreira em tecnologia.

a. Escreva abaixo a decisão e o resultado:

Decisão   ### Resultado

b. Desenhe uma árvore mais completa para esse cenário, incluindo os outros resultados potenciais razoáveis:

Decisão　　　　　　　　　*Potenciais resultados*

3 Você fez a mesma árvore para ambos os cenários? (Circule um.)　*SIM　NÃO*

Quer a empresa fracasse ou tenha sucesso, a árvore reconstruída deve ter a mesma aparência.

Talvez o Reino do Pente nunca saia do chão.

Talvez seus processos na Justiça vão às alturas devido a ações coletivas de clientes que têm seus cabelos cortados tortos, a multas estaduais para maquiadores não licenciados, a reivindicações de direitos autorais e a marcas registradas de grupos religiosos e salões que afirmam serem proprietários dos nomes.

Talvez ele prossiga com dificuldades antes de fracassar.

Talvez a ideia funcione, mas você é rapidamente superado por empreendimentos que combinam bolsos recheados, poder de marketing e perspicácia da indústria, como o InstaCuts ou o FaceClips.

Talvez seu negócio cresça, tenha acesso a capital, abra o capital, obtenha lucro e, eventualmente, compre uma rede nacional de corte de cabelo.

Pode ser que o negócio seja viável o suficiente para que você aproveite sua plataforma e sua base de clientes e continue expandindo: outros serviços de salão de beleza, produtos para cabelos, cuidados com animais de estimação, entrega de receitas, assistência médica domiciliar e assistência a idosos.

No momento da decisão, todas essas possibilidades futuras são a mesma, *porque a decisão é a mesma*. A decisão é o que determina essa gama de possibilidades, os caminhos possíveis. O resultado real que você obtém — seja o fracasso do negócio ou encontrar uma saída de US$20 milhões — não tem efeito sobre o que era possível no momento em que você tomou a decisão.

Parte do paradoxo da experiência é que não sentimos intuitivamente dessa forma. Seu instinto lhe diz que o resultado realmente importa. Seu instinto lhe diz que o resultado obtido de alguma forma muda os resultados possíveis.

Dedicar algum tempo à construção de uma árvore simples ajuda a colocar esse instinto sob controle.

[5]

Contrafactuais

Você não pode compreender completamente o que há para aprender com qualquer resultado sem entender as outras coisas que poderiam ter acontecido.

Essa é a essência do pensamento contrafactual.

Explorar os contrafactuais nos ajuda a entender *por que* as coisas aconteceram ou não.

E se a Terra fosse plana ou quadrada? E se um asteroide gigante não tivesse matado os dinossauros? E se os humanos tivessem sido extintos durante a última Era do Gelo?

E se a Alemanha não tivesse derrotado a França na Segunda Guerra Mundial? E se a Inglaterra não tivesse se aliado à União Soviética? E se o Japão tivesse derrotado a Alemanha?

E se você tivesse nascido de pais diferentes? Ou em um lugar diferente? Ou em 1600? Como você pode entender o efeito de sua própria tomada de decisão sobre a maneira como a sua vida se desenrola sem explorar o contrafactual na base de cada vida: e se eu tivesse nascido em circunstâncias diferentes?

> **CONTRFACTUAL**
>
> Um "e se". Um possível resultado de uma decisão que não é o que realmente ocorreu. Um estado imaginário e hipotético do mundo.

Explorar esses "e se" é um lembrete de que você não tem o controle sobre quando e onde nasceu, coisas que definem o conjunto de possibilidades para a sua vida.

Os "poderia ter sido" e os "e se" colocam as suas experiências em seu contexto adequado, ajudando a:

- entender quanta sorte deve estar envolvida no resultado;
- comparar o resultado que você teve com os que poderiam ter ocorrido;
- deixar o sentimento de inevitabilidade; e
- melhorar a qualidade das lições que você aprendeu com as experiências de sua vida.

1 Escolha um resultado passado terrível de sua própria vida. Você pode escolher um que já usou (como sua pior decisão, um exemplo de resultado ou de viés retrospectivo) ou um diferente. É particularmente bom escolher um pelo qual você está se criticando.

a. Escreva abaixo a decisão e o resultado:

Decisão   *Resultado*

b. Reconstrua a árvore da decisão:

Decisão   *Potenciais resultados*

c. Recriar a árvore muda como você se sente sobre sua responsabilidade por esse resultado? (Marque um.)

SIM   NÃO

Reflita sobre isso aqui:

_____

_____

_____

d. Houve resultados nessa lista que foram piores do que o que você obteve? (Marque um.)

SIM   NÃO

2 Escolha um resultado passado excelente de sua própria vida. Você pode escolher um que já usou (como sua melhor decisão, um exemplo de resultado ou de viés retrospectivo) ou um diferente. É particularmente bom escolher um que você sinta que merece muito crédito por ele.

a. Escreva abaixo a decisão e o resultado:

Decisão   *Resultado*

O Multiverso da Decisão (63)

b. Reconstrua a árvore da decisão com os outros resultados potenciais adicionados ao resultado que foi alcançado:

Decisão   *Potenciais resultados*

c. Recriar a árvore mudou a maneira como você se sente a respeito de sua responsabilidade por esse resultado? (Marque um.)   *SIM   NÃO*

Reflita sobre isso aqui:

_____

_____

_____

d. Os resultados nessa lista foram melhores do que o que você obteve?   *SIM   NÃO*

3 **Marque qual fez você se sentir melhor:**

Recriar a Árvore para   Recriar a Árvore para o   Mesmo
o Resultado Ruim   Resultado Bom   Sentimento

64 *Como Decidir*

Se você é como a maioria das pessoas, foi melhor recriar a árvore e explorar os contrafactuais quando o resultado foi ruim do que quando foi bom.

Se o Reino do Pente fracassar, parece bom saber que o fracasso não está todo nos seus ombros. É bom saber que houve muitas maneiras de ter tido sucesso e talvez formas piores de ter fracassado.

Até certo ponto, ver aquele resultado negativo no contexto das outras coisas que poderiam ter ocorrido, expondo a sorte da maneira como as coisas aconteceram, não lhe deixa mais em dificuldades.

E quem não quer ficar fora dos problemas quando as coisas não funcionam?

Por outro lado, se criar o Reino do Pente resulta em uma rápida aquisição por US$20 milhões, não é bom saber que o sucesso pode não estar apenas nos seus ombros. Não é tão bom saber que houve muitas maneiras de ter fracassado e ainda mais maneiras estelares de ter tido sucesso.

> **Há uma assimetria em nossa disposição de colocar resultados em contexto: preferimos fazer isso quando falhamos em vez de quando temos sucesso.**

Todos nós queremos que nossos sucessos sejam elevados e ocupem o máximo de espaço possível em nossa narrativa.

Ver qualquer resultado no contexto das outras coisas que poderiam ter ocorrido pode deixá-lo fora de perigo — não apenas pelas coisas ruins que acontecem, mas também pelas coisas boas.

Mas quem quer estar fora de perigo de um grande resultado?

Você.

Pode parecer bom, no momento, aceitar seu sucesso sem qualificação ou exame, mas você perderá muitas oportunidades de aprendizado ao fazer isso. Você não verá como o resultado poderia ter sido ainda melhor. Você deixará de explorar se uma decisão diferente pode ter aumentado as chances do resultado que você obteve. Ou os melhores resultados possíveis. Ou os piores resultados que poderiam ter ocorrido.

Você perderá a chance de ver quando o resultado obtido foi por sorte.

Temos que ver os resultados pelo que eles são, nem mais nem menos, e isso é verdade se o que aconteceu foi ótimo ou terrível. Temos que encontrar simetria em nossa disposição de explorar *todos* os resultados.

Depois de obter um grande resultado, nenhuma quantidade de pensamento contrafactual pode tirá-lo de você. A recusa em entender o resultado em seu contexto, no entanto, pode impedi-lo de tomar melhores decisões no futuro e, em última análise, comprometer sua capacidade de construir — ou manter — os frutos do seu sucesso.

[6]
Resumo

Esses exercícios foram projetados para fazerem você pensar sobre os seguintes conceitos:

- O **paradoxo da experiência**: a experiência é necessária para o aprendizado, mas experiências individuais interferem com frequência na aprendizagem. Isso ocorre, em parte, por causa dos vícios que nos levam a superestimar os resultados e a qualidade da decisão.

- Ver o resultado que ocorreu no contexto de outros potenciais resultados no momento da decisão pode ajudar a resolver esse paradoxo.

- Há muitos futuros possíveis, mas somente um passado. Por causa disso, o passado parece inevitável.

- Recriar uma **versão simplificada da árvore da decisão** coloca o resultado real em seu contexto adequado.

- Explorar os outros resultados possíveis é uma forma de **pensamento contrafactual**. Contrafactual é algo que se relaciona com o resultado que não aconteceu, mas poderia ter ocorrido, ou a um estado imaginário do mundo.

- Nossa vontade de examinar o resultado é **assimétrica**. Estamos mais dispostos a contextualizar os resultados ruins do que os bons. Tornar-se um tomador de decisões melhor exige que tentemos (embora seja difícil) colocar esses bons resultados em perspectiva.

CHECKLIST

Ao avaliar se o resultado fornece uma lição sobre a qualidade da decisão, crie uma árvore de decisão simplificada, começando com o seguinte:

☐ Identifique a decisão.

☐ Identifique o resultado real.

☐ Junto com o resultado real, crie uma árvore com outros resultados razoáveis que eram possíveis no momento da decisão.

☐ Explore outros possíveis resultados para entender melhor o que deve ser aprendido com o resultado real que você obteve.

O Homem do Castelo Alto

Estamos em 1962. A Segunda Guerra Mundial acabou há 15 anos. A América pós-guerra mudou dramaticamente desde então. O Império Nipônico controla os Grandes Estados Japoneses e a antiga Costa Oeste dos EUA, com São Francisco como capital. A Grande Esfera do Reich Nazista inclui a antiga Costa Leste, com a cidade de Nova York como capital do Reich Americano. As Montanhas Rochosas formam uma zona neutra entre o Japão e a Alemanha, os dois reinos mundiais superpoderosos.

Essa realidade é o cenário para o romance de Philip K. Dick de 1962, *O Homem do Castelo Alto*, transformado em uma série de TV de muito sucesso do Amazon Studios em 2015, com o mesmo nome. O romance e a série de TV fornecem vários exemplos de contrafactuais e diversos futuros.

A história se baseia em um mundo no qual o Eixo venceu a Segunda Guerra Mundial. Essa versão do "presente" existe porque o passado se desviou do que consideramos realidade. Uma tentativa de homicídio a Franklin Delano Roosevelt, em 1933 (que sabemos que fracassou) foi bem-sucedida, alterando a América pré-Segunda Guerra Mundial e, obviamente, seu envolvimento na mesma. A trajetória leva a Alemanha a explorar a sua tecnologia para desenvolver armas nucleares, bombardeando Washington D.C. e forçando a rendição da América em 1947.

A história também inclui uma possível "realidade alternativa", na qual a América vence a Segunda Guerra Mundial — mas não a versão que conhecemos. Há uma história *underground* circulando, *The Grasshopper Lies Heavy*, sobre uma história na qual Roosevelt não foi assassinado. ("O homem do castelo alto" é a figura sombria responsável por escrever/filmar esse relato.) A sobrevivência de Roosevelt mudou tudo, mas não como um padrão para o mundo como o conhecemos. Roosevelt se aposenta após dois mandatos. O presidente seguinte faz tudo diferente, então os EUA entram e vencem a Guerra, mas os papéis dos EUA, da Grã-Bretanha e da União Soviética são bem diferentes, assim como as relações no mundo pós-Guerra.

(Sem *spoilers*, mas a versão para a TV também tem uma terceira visão de mundos e histórias alternativas.)

Não tendemos a pensar no mundo dessa maneira, mas a história nos lembra de que nossa versão do passado não é a única maneira como as coisas poderiam ter se desenvolvido, nem é como as coisas tiveram que acontecer.

68 *Como Decidir*

4

Os Três Ps: Preferências, Pagamentos e Probabilidades

[I]

Os Seis Passos para uma Melhor Tomada de Decisões: tornando sua visão de futuro mais clara (e cristalina)

Até aqui, nos concentramos exclusivamente em como avaliar decisões *passadas*. O mote sobre o passado é que você não pode mudá-lo. O que você pode fazer é aplicar o que aprendeu com o passado a todas as novas decisões que terá que tomar ao desenvolver um processo que pode ser repetido para uma melhor tomada de decisão.

Seu maior desafio como tomador de decisão é ver as coisas que, por sua natureza, serão nebulosas. Para decisões anteriores, você está reconstruindo a decisão enquanto navega por meio de preconceitos que induzem à distorção. Para novas decisões, você está olhando para o futuro, que é inerentemente incerto.

Esse processo em seis etapas o ajudará a melhorar a qualidade tanto de novas decisões em seu horizonte quanto da sua avaliação das decisões anteriores. É difícil avaliar com precisão uma decisão após o fato, à sombra de um resultado que já aconteceu. Mas, se você tiver um bom processo de decisão *futuro* e mantiver um registro dele, se sairá muito melhor.

Você não terá que se perguntar após o fato se uma decisão foi boa ou ruim, sob a névoa do resultado e do viés retrospectivo.

Em vez disso, você estará apto a checar seu trabalho.

E aqui está o problema: não é que um resultado *nunca* seja informativo. Ele só é informativo quando o resultado é *inesperado*, quando você não antecipou o resultado no conjunto de possibilidades. Não importa se o resultado foi maravilhoso ou péssimo. O que realmente importa é se você não o previu, porque suas decisões serão tão boas quanto sua capacidade de prever como elas podem acabar.

O inesperado é realmente difícil de avaliar em retrospecto. Porém, se você fizer o trabalho com antecedência, não apenas suas decisões ficarão melhores porque você estará focado em como o futuro pode se desenrolar, mas também será capaz de dizer quando não antecipou como as coisas podem acontecer, *porque você terá um registro do que estava pensando no momento em que tomou a decisão.*

Esse é o caminho para turbinar suas habilidades de tomada de decisão. Então, vamos construir um ótimo processo de decisão.

SEIS PASSOS PARA UMA MELHOR TOMADA DE DECISÕES

Passo 1 — Identifique um conjunto razoável de resultados possíveis.

Passo 2 — Identifique sua preferência usando a recompensa para cada resultado — em que grau você gosta ou não de cada resultado, dados os seus valores?

Passo 3 — Estime a probabilidade de cada resultado se desdobrar.

Passo 4 — Avalie a probabilidade relativa dos resultados que você gosta e dos que não gosta para a opção em consideração.

Passo 5 — Repita os Passos 1–4 para considerar outras opções.

Passo 6 — Compare as opções.

[2]

Dica Pro: não provoque o maior animal da América do Norte

Abaixo, uma foto de um bisão bloqueando o tráfego em uma estrada em Yellowstone.

O homem em retirada estava tão impaciente para chegar a algum lugar que decidiu que valia a pena reduzir um pouco o tempo de viagem para sair do carro e tentar provocar o maior animal da América do Norte a se mover.

Agora, ambos estão se movendo!

Sem olhar para cima, qual é a sua melhor estimativa de peso do bisão (em quilos)?
_____

Qual é a razão para o seu palpite?
_____
_____
_____
_____

Os Três Ps: Preferências, Pagamentos e Probabilidades

Estou disposta a apostar muito dinheiro que você não estimou menos de 45 quilos ou mais de 4.500 quilos. Mais adiante, neste capítulo, vamos revisitar o bisão e por que eu estou confiante sobre essa aposta.

[3]

Pagamentos: Passo 2 — Identifique sua preferência usando a recompensa para cada resultado — em que nível você gosta ou não de cada resultado, dados os seus valores?

A preferência importa

Identificar o conjunto de resultados razoáveis é uma grande melhoria em relação a ter resultados específicos distorcendo a sua visão (o resultado real de decisões anteriores, ou resultados prospectivos que você deseja ou teme especialmente). Você quer entender as decisões anteriores e melhorar sua avaliação das futuras, mas não é suficiente parar por aí. Para obter uma compreensão mais completa do conjunto de resultados possíveis para qualquer decisão, você também precisa identificar sua preferência para cada resultado.

Então, vamos adicionar explicitamente informações às árvores que começamos a desenvolver, expressando a conveniência de cada um dos resultados razoáveis de uma decisão. A maneira mais simples de fazer isso é listar os resultados potenciais na árvore em ordem do mais para o menos preferido.

Aqui está um exemplo da árvore para o emprego em Boston, reorganizada por preferência, com o mais desejável no topo e o menos desejável na parte inferior:

Decisão

Potenciais resultados

Você ama o emprego e a cidade. E também é louco pelo inverno.

Você não gosta do clima. Mas o emprego é bom, então decidiu aguentar.

Você adora Boston, mas não gosta do emprego. Você desiste e busca outra oportunidade na mesma cidade.

Aceitar o emprego em Boston.

Você consegue uma oportunidade melhor depois e desiste do emprego (isso pode incluir outros trabalhos em Boston ou em cidades diferentes, ou até voltar aos estudos).

Você ama o trabalho, mas o inverno é tão horrível que acaba desistindo.

Você odeia tudo: o emprego, a cidade e o inverno, e acaba desistindo. Com isso, volta para casa.

Os Três Ps: Preferências, Pagamentos e Probabilidades (73)

O lixo de um é o tesouro de outro

Claro, se em qualquer nível um resultado é bom ou ruim vai depender dos objetivos e valores que são particulares a você.

Parece óbvio que, se você tirar uma semana para ir à praia, sete dias seguidos de chuva será um resultado ruim. Isso é verdade se sua meta for tomar sol. Mas e se o seu objetivo for recuperar o atraso na enorme pilha de livros que você pretende ler? A chuva todos os dias não será um resultado tão ruim assim, mesmo que você planejasse lê-los na praia.

Duas pessoas podem compartilhar o objetivo de sustentar suas famílias. Para uma delas, isso pode significar segurança financeira. Para a outra, pode significar passar mais tempo juntos, como família. Essa diferença de valores os levaria a diferentes preferências de carreira.

A primeira pessoa preferiria um trabalho que pague melhor e dê mais oportunidades de crescimento, mesmo que isso custe sacrificar tempo com a família. A segunda pessoa aceitaria um emprego que pagasse menos se ele oferecesse flexibilidade de horário, oportunidades de trabalhar de casa e noites e finais de semana livres.

A questão é que o que você e a outra pessoa valorizam será diferente. E suas metas e valores informarão suas preferências por vários resultados. Isso significa que o quanto você prefere um determinado resultado em relação a outras possibilidades será, naturalmente, diferente da preferência de outra pessoa pelo mesmo resultado em relação a outras possibilidades.

Isso não torna nenhum de vocês errado. Apenas significa que vocês são pessoas diferentes, com gostos e desgostos específicos.

Também não significa que você não pode pedir conselhos a outras pessoas. O conselho pode ser uma excelente ferramenta de decisão, desde que você seja explícito sobre seus objetivos e valores ao buscá-lo. Caso contrário, você corre o risco de que a pessoa cujo conselho você está procurando presuma que você compartilha suas preferências e responda de acordo.

1 Para uma das árvores de decisão que você fez no capítulo "O Multiverso da Decisão", reorganize os resultados possíveis na ordem de sua preferência.

Decisão   *Potenciais resultados*

2 Quais metas e valores motivaram sua ordem de preferência?
_____
_____
_____
_____
_____
_____
_____

Os Três Ps: Preferências, Pagamentos e Probabilidades 75

3 Algum dos resultados é significantemente melhor do que os outros?

4 Algum dos resultados é significantemente pior do que os outros?

76 *Como Decidir*

Para quase todas as decisões que você toma, há resultados que você espera e outros que não. Ao adicionar explicitamente preferências à árvore, você pode ver rapidamente quantos dos resultados possíveis você gosta e quantos não. É, por isso, que é útil ordenar as possibilidades de preferência.

É claro que uma decisão ter resultados principalmente bons ou ruins não é suficiente para determinar se a decisão é, correspondentemente, boa ou ruim. Você também precisa saber a magnitude de cada resultado — *quão bom* ou *quão ruim*.

Em outras palavras, você precisa pensar sobre o tamanho da sua preferência — o quanto você gosta ou desgosta de cada uma das possibilidades.

O tamanho (do pagamento) importa

Para quase qualquer conjunto de resultados, haverá coisas que você pode ganhar e coisas que pode perder. Esses ganhos e perdas são chamados ***pagamentos*** e irão direcionar suas preferências porque, obviamente, você preferirá ganhos a perdas.

Se um resultado direciona a uma meta, o pagamento é positivo. Se direciona para longe da meta, é negativo. A magnitude desse movimento determina o quanto você prefere ou não um resultado. Quanto maior o ganho, maior a preferência por aquele resultado. Quanto maior a perda, maior o desgosto por aquele resultado.

A maneira mais direta de entender os pagamentos é por meio de decisões em que a qualidade do resultado é medida em dinheiro. Se você fizer um investimento que lhe renderá dinheiro, será um ganho. Se você perder dinheiro, bem, isso é uma perda.

Mas o pagamento também pode ser em algo que você valorize, como felicidade (a sua ou a de outros), tempo, moeda social, autoaperfeiçoamento, autoestima, boa vontade, saúde etc.

Se um possível resultado acontecer, sua felicidade aumentará ou diminuirá? Você vai ganhar ou perder tempo? Sua moeda social aumentará ou diminuirá? Você vai ganhar ou perder autoestima? Você fará alguém importante para você ficar mais ou menos feliz?

O que pudermos valorar pode ser moeda de um pagamento, positivo ou negativo.

No conjunto de possíveis resultados, alguns trarão pagamentos onde você ganha algo que valoriza. Isso inclui o *potencial positivo* de uma decisão. Alguns trarão pagamentos pelos quais você perderá algo que valoriza. Esses constituem o *potencial de desvantagem* de uma decisão.

Digamos que você está decidindo se vai investir em ações. A vantagem é o dinheiro que você pode ganhar com o aumento do valor das ações. A desvantagem é o dinheiro que você pode perder se a ação perder valor.

> **VANTAGEM**
>
> O que você ganha com uma decisão. O potencial positivo de sua escolha. Os possíveis ganhos.
>
> **DESVANTAGEM**
>
> O que você perde com uma decisão. O potencial negativo de sua escolha. Os possíveis custos.

Você está se decidindo se deve ir a um coquetel. A vantagem é que você pode se divertir, fortalecer amizades, fazer novos amigos ou conhecer pessoas que o ajudarão em seu trabalho. Você pode até conhecer o amor de sua vida.

A desvantagem é que a festa pode ser chata e você pode perder um tempo que gastaria fazendo algo mais divertido. Você pode perder uma amizade após entrar em discussão acalorada sobre um tema político polêmico. Você pode arruinar sua onda de alimentação saudável depois de ser incapaz de resistir à pizza e ao bolo de aniversário.

Você está atrasado para o trabalho e tem que decidir se vai dirigir 20km/h acima do permitido. A vantagem é que você pode chegar no trabalho a tempo.

A desvantagem? Você ainda pode não chegar a tempo; pode ser multado (o que, além de outros custos, atrasaria você ainda mais); ou pode sofrer um acidente no qual não teria se envolvido se cumprisse a lei.

Muitas decisões têm uma mistura de potenciais vantagens e desvantagens. Ao descobrir se uma decisão é boa ou ruim, você está essencialmente perguntando se a possível vantagem compensa o *risco* da desvantagem.

> **RISCO**
>
> Sua exposição à desvantagem.

Para fazer isso, você precisa saber os possíveis resultados (Passo 1) e os potenciais ganhos e perdas associados a cada um deles (Passo 2). Por esse motivo, mapeá-los é essencial para uma boa tomada de decisão. Sem examinar o tamanho do pagamento, é impossível descobrir se vale a pena arriscar a desvantagem indo para a vantagem.

Você pode tomar uma decisão que o levará a quatro possíveis resultados em direção à sua meta e somente uma possibilidade do resultado causar uma perda. Mas isso não significa, por si só, que a decisão vale o risco.

> Avaliar a qualidade de uma decisão envolve descobrir se vale a pena arriscar a desvantagem.

Os quatro resultados positivos podem significar a economia de um dólar, hálito fresco por uma hora, chegar em algum lugar cinco minutos antes ou a capacidade de usar suas meias um dia a mais sem lavá-las. A desvantagem pode ser que você morra instantaneamente.

Por isso o tamanho é importante.

É aqui que começamos a ver mais claramente as limitações das listas de prós e contras. A boa notícia sobre essas listas é que, ao menos, levam você a pensar nas vantagens (os prós) e desvantagens (os contras), o começo do Passo 2. A má notícia é que a lista não o faz pensar sobre a magnitude — o quanto um pró é positivo ou o quanto um contra é negativo, o que também é necessário para o Passo 2.

Listas de prós e contras são planas, como se o tamanho (do pagamento) *não* importasse. Por ser meramente em forma de lista, uma lista de prós e contras trata a chance de uma chegada mais cedo igual à possibilidade de um acidente de trânsito grave. Sem informações explícitas sobre o tamanho, a magnitude de qualquer pró ou contra não se torna clara ao comparar os lados positivos e negativos da lista.

Se houver dez prós e cinco contras, isso significa que você deve tomar a decisão? É impossível dizer sem informações sobre o tamanho das recompensas, porque sem isso você não pode descobrir se o potencial de vantagem supera a desvantagem.

[4]

Probabilidade é Importante:
Passo 3 — Estimando a probabilidade de cada
resultado se desdobrar

Você compra ações de uma empresa de carros elétricos. Elas quadruplicam o preço. Você dá um tapinha nas próprias costas pela ótima decisão. Mas se a chance de as ações quadruplicarem fosse pequena, enquanto a chance de a ação cair fosse enorme, você deveria receber tanto crédito?

Você compra ações de uma empresa de carros elétricos. Elas vão a zero. Você se martiriza pela horrível decisão. Mas e se a probabilidade de as ações irem a zero fosse minúscula?

> **Para entender se uma decisão é boa ou ruim, você precisa saber não apenas coisas que podem acontecer razoavelmente e o que pode ser ganhado ou perdido, mas também a probabilidade de cada possibilidade se desdobrar. Isso significa que, para se tornar um melhor tomador de decisão, você precisa estar disposto a estimar essas probabilidades.**

Cada vez que você entra em um carro, está correndo o risco de um grande prejuízo: se envolver em um acidente e morrer. É claro que você assume o risco porque a probabilidade é tão pequena, que a vantagem (tempo ganho, aumento de produtividade etc.) compensa. Da mesma forma, ainda que você possa ganhar uma fortuna na loteria (contra perder apenas um dólar), as chances de ganhar são tão pequenas que não vale a pena arriscar o dólar.

Outras recompensas de longo alcance podem valer a pena. Investir em uma startup é um investimento de alto risco. Muitas vezes, você perderá seu dinheiro, porque a maioria dos novos negócios fracassa. A grande vantagem (se você for bom em escolher quais empreendimentos apoiar) pode fazer o risco valer a pena. Afinal, é por isso que existem capitalistas de risco.

Sem a informação sobre a probabilidade de qualquer possibilidade se desdobrar, você pode quebrar seu braço dando tapinhas nas próprias costas, porque você não pôde ver que um resultado feliz aconteceria em apenas uma pequena porcentagem do tempo.

Ou você pode se machucar devido a um resultado ruim, porque você não pôde ver que o resultado positivo era muito improvável de acontecer.

Ou você pode pensar apenas que teve azar obtendo um resultado ruim que, na realidade, era altamente provável, então não foi azar de jeito nenhum. Era o esperado.

Ou você pode tomar uma decisão cega por um ganho potencial altamente improvável, mas enorme, sem considerar o risco.

Ou você pode perder uma oportunidade porque tem medo do risco, mesmo que ele seja incrivelmente pequeno e o potencial de vantagem mais do que o compensa.

[5]
A Mentalidade do Arqueiro:
todas as suposições são suposições educadas

Se você é como a maioria das pessoas, sente-se desconfortável estimando a probabilidade de algo acontecer no futuro. Suponho que seja em parte porque, para a maior parte das decisões, você não pode saber a probabilidade exata de qualquer possibilidade se desdobrar. A maioria das decisões não é como um cara e coroa, em que você sabe com certeza que a chance de uma moeda acertar cara é de 50%.

Para a maioria das decisões, você não sabe tudo o que precisa para chegar a uma resposta objetivamente perfeita sobre a probabilidade de algo acontecer. Isso pode fazer com que qualquer resposta que você dê pareça completamente subjetiva. *Ou, pior, errada*. E isso, provavelmente, o deixa relutante em adivinhar.

Qual é a possibilidade de você saber a probabilidade de amar Boston ou aquele novo emprego, se nunca morou naquela cidade ou experimentou aquele emprego específico?

Como você pode saber a probabilidade de gostar de uma faculdade que você nunca esteve?

Como você pode saber a probabilidade de uma ação em particular valorizar no futuro?

Como você pode saber a probabilidade de que fechará uma venda com um novo cliente quando ele é um *novo cliente*?

Para resumir tudo em uma frase, você provavelmente está pensando "eu só estaria adivinhando".

E isso nos leva de volta ao bisão.

De volta ao bisão

Independentemente de qual peso do bisão você imaginou, quase definitivamente você não obteve a resposta certa se "certo" significa o peso exato daquele bisão em particular.

Há muito que você não sabe sobre aquele bisão. Você está tentando adivinhar a partir de *uma foto*. Mesmo que estivesse lá pessoalmente, você provavelmente não seria capaz de medir o bisão para saber sua altura exata, a idade ou se é macho ou fêmea. É improvável que você tenha uma balança de gado à mão presumindo que você saiba como convencer o bisão a subir nela.

Os Três Ps: Preferências, Pagamentos e Probabilidades

Quando você adivinha, a lacuna entre o conhecimento perfeito e o seu conhecimento o incomoda.

Você sabe que há uma resposta objetivamente correta — o peso verdadeiro do bisão. Se você tivesse a informação perfeita, se você fosse onisciente, saberia o número exato. Mas você não é onisciente.

Isso pesa tanto sobre você como se, em vez de adivinhar, você tivesse que dar uma carona ao bisão. (Pelo menos se você tivesse que dar uma carona ao bisão, não precisaria saber seu peso, porque sabe que é o suficiente para esmagá-lo.)

Se há uma resposta certa e você não sabe, adivinhar é ruim. Você sabe que sua resposta não estará certa. E qual é o oposto de *certo*?

Errado.

E quem quer estar errado?

> **Essa forma de pensar, na qual só existe "certo" e "errado", e nada entre eles, é um dos maiores obstáculos a uma boa tomada de decisão. Porque isso requer disposição para adivinhar.**

"Eu só estaria adivinhando"

As pessoas evitam fazer tais estimativas o tempo todo com "eu só estaria adivinhando". Isso implica que qualquer coisa menos do que o conhecimento perfeito torna a sua resposta aleatória. Ficamos presos por não termos todas as informações, o que nos faz esquecer todas as coisas que *sabemos*.

Embora seja verdade que você não sabe o peso exato do bisão, isso não significa que você não sabe de nada. Como uma pessoa que vive no mundo, você sabe muitas coisas:

- Você sabe muito sobre o peso das coisas em geral. Eletrodomésticos pesam mais do que caixas de papelão. Pedras, mais do que penas. Muitas coisas grandes, quase sempre, pesam mais do que coisas pequenas. Bisões pesam mais do que pessoas.
- Provavelmente, você tem uma ideia do peso médio de um gato ou de um cachorro. Ou talvez possa até saber o peso médio de uma vaca.
- Você pode ver o tamanho geral do bisão em relação aos carros em volta e ao cara zombando dele.

- Você sabe o seu peso.
- Você sabe que um bisão pesa mais do que o cara da foto.
- Você tem alguma ideia do quanto pesam os carros e que o peso de um carro, provavelmente, é maior do que o de um bisão.

Todo o seu conhecimento, por mais imperfeito que seja, significa que seu palpite não é aleatório. Embora não tenha informações *perfeitas,* você tem muito mais do que *nenhuma* informação sobre o peso do bisão.

É por isso que estou disposta a apostar que você não chutaria abaixo de 45 quilos ou acima de 4.500 quilos, porque eu sei que você sabe muitas coisas.

Quase sempre, você sabe alguma coisa, e alguma coisa é melhor do que nada. Você pode não acertar, mas, quando se trata de uma tomada de decisão, *você recebe crédito por mostrar seu trabalho.*

> **Não negligencie o território entre o certo e o errado.**
>
> **Não negligencie o valor de estar um pouco menos errado ou um pouco mais perto do certo.**

Se você descartar fazer estimativas de probabilidade dizendo "eu só estaria adivinhando", então está se deixando fora do gancho de tentar descobrir o que sabe ou poderia descobrir. Depois que você diz "eu só estaria adivinhando", não há mais trabalho a ser feito. Ao desistir, você nem se preocupará em aplicar o conhecimento que tem na decisão.

O conhecimento que você pode aplicar em qualquer estimativa pode ser pequeno, mas fará a diferença na qualidade das suas decisões. Essas diferenças, mesmo que existam, vão se acumulando com o tempo. Assim como os juros compostos, esses pequenos aumentos na qualidade da decisão pagarão grandes dividendos no longo prazo.

Não jogue as coisas que conhece na lata de lixo só porque você "está apenas adivinhando".

Acentue o instruído

Temos uma maneira de distinguir suposições informadas das desinformadas. Chamamos as suposições informadas de *suposições instruídas.*

Não é uma questão de se qualquer suposição é instruída ou não. É o nível.

> **Aqui está um segredo: todos os palpites são palpites porque não há quase nenhuma estimativa que você possa fazer sobre a qual literalmente não sabe nada.**

Os Três Ps: Preferências, Pagamentos e Probabilidades 83

Você pode pensar sobre seu estado de conhecimento em um *continuum*, desde nenhuma informação até uma informação perfeita.

Nenhuma informação pode significar que você não sabe nada. Informação perfeita pode significar que você sabe tudo. Para a maioria das coisas que está tentando estimar, você não estará em nenhum dos extremos, sem informações ou com informações perfeitas. Você estará em algum lugar no meio.

Principalmente, você estará no território do bisão.

Um pouco de conhecimento não é à toa. Mesmo com o pouco que você sabe sobre o peso do bisão, você pode estreitar a faixa de zero a infinitos quilos para algo entre 360 e 1.500 quilos. Isso elimina muito terreno. Isso estreita o campo. Você pode não ter certeza do peso, mas fez muito progresso ao se aproximar da resposta.

Se você está pensando em aceitar o emprego em Boston, não pode saber com certeza se vai gostar do trabalho, nem se vai gostar da cidade. Mas você sabe algumas coisas sobre empregos e algumas coisas sobre cidades. O que você sabe conta para alguma coisa. Igual ao bisão.

Há muito valor em fazer uma suposição fundamentada. Quanto mais você estiver disposto a adivinhar, mais pensará e aplicará o que sabe. Além disso, você começará a pensar no que pode descobrir que o deixará mais próximo da resposta.

> **Esteja você estimando o peso de um bisão ou a probabilidade de sucesso do Reino do Pente, seu trabalho como tomador de decisão é descobrir duas coisas:**
>
> **(1)** O que eu já sei que tornará meu palpite mais instruído?
>
> **(2)** O que eu posso descobrir que tornará meu palpite mais instruído?

Como Decidir

A mentalidade do arqueiro

Parte de se tornar um melhor tomador de decisões é mudar sua mentalidade sobre adivinhação. Em vez de se sentir desconfortável com adivinhações, porque você provavelmente não estará "certo" (e qualquer coisa que não esteja exatamente certa é "errada"), pense em suas suposições da mesma forma que um arqueiro pensa sobre um alvo.

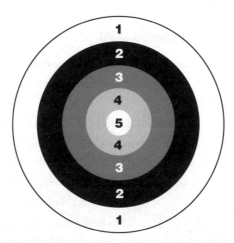

Assim como a tomada de decisões, o arco e a flecha não são tudo ou nada, quando você ganha pontos apenas por acertar o centro do alvo e todo o resto é um erro. Um arqueiro ganha pontos por *acertar* o alvo.

O valor de um palpite não é se ele é "certo" ou "errado." Seus palpites são como as flechas de um arqueiro. Se você fosse onisciente e suas suposições estivessem sempre corretas, você acertaria todos os alvos na mosca. Quando você dá um palpite instruído, está mirando na *mosca* e, embora seja provável que erre a resposta exata, como o arqueiro, você ainda marcará pontos por chegar nas proximidades.

É normal reconhecer que você, geralmente, não acertará o centro do alvo; o importante é *mirar*. Visar o centro alvo ao fazer uma suposição fundamentada deixa você mais perto de um acerto preciso porque o motiva a avaliar o que você sabe e o que não sabe. Isso o motiva a aprender mais.

Reconhecer o valor de mirar é a mentalidade do arqueiro. Reconhecer que as suposições não são aleatórias, mas instruídas, é a mentalidade do arqueiro. Caso contrário, sua tomada de decisão se assemelhará mais a um jogo de colocar o rabo no burro. Você estará propositalmente vendando seus olhos para o alvo.

Os Três Ps: Preferências, Pagamentos e Probabilidades

A razão do jogo de colocar o rabo no burro ter caído em desuso nas festas de aniversário das crianças (pelo menos quando usam alfinetes de verdade) é que, se você está com os olhos vendados, girando e apontando um objeto pontudo, está quase propenso a furar a pessoa que corta o bolo enquanto você mergulha na bunda do burro.

Muitos de nós vivemos nossas vidas com a mentalidade do jogo-de-colocar--o-rabo-no-burro.

Ademais, você já está fazendo isso

Aqui está outro segredo: mesmo quando você está tentando colocar o rabo no burro, ainda está mirando um alvo. Você apenas está fazendo um péssimo trabalho de mira porque está usando uma venda.

Isso também é verdade com a tomada de decisões. Mesmo se você não estiver pensando explicitamente sobre o conjunto de possibilidades, suas preferências e as probabilidades, ainda assim está fazendo essas estimativas. Implícita em qualquer decisão está a crença de que a opção que você escolheu tem a maior probabilidade de funcionar melhor para você do que as opções que você não escolheu.

> **A sua escolha é sempre uma estimativa da probabilidade de desdobramento de resultados diferentes.**

Portanto, quer você reconheça ou não, tomar uma decisão é adivinhar como as coisas podem acabar.

Se você está atirando flechas, acertará *alguma coisa*. Se você está adivinhando de qualquer maneira, pode ser como um arqueiro e mirar com cuidado, ou ser como se estivesse em uma festa de aniversário dos velhos tempos, cutucando um alfinete vendado até tirar sangue ou ter sorte. Melhor tirar a venda e mirar com os olhos bem abertos.

Depois de reconhecer que está adivinhando de qualquer maneira, isso maximiza sua capacidade de aplicar em suas decisões as coisas que você já sabe, e faz com que se pergunte o que você precisa aprender para se mover no *continuum* longe do conhecimento zero e mais perto do conhecimento perfeito.

[6]

Um Pensamento Suave para um Pensamento Probabilístico: usando palavras que expressam probabilidade

Como uma primeira tentativa no Passo 3, adicionando probabilidades à árvore da decisão, você pode usar termos comuns que expressam probabilidades.

Há muitos termos de linguagem natural que expressam a probabilidade de algo ocorrer ou ser verdadeiro, como "frequentemente" e "raramente". Andrew e Michael Mauboussin criaram esta lista bastante abrangente desses tipos de termos para uma pesquisa que realizaram:

Quase sempre	Mais frequente do que não	Possibilidade séria
Quase com certeza	Nunca	Decisão fácil
Sempre	Não frequente	Improvável
Com certeza	Muitas vezes	Geralmente
Frequentemente	Possivelmente	Com grande probabilidade
Provavelmente	Provavelmente	Com baixa probabilidade
Talvez	Raramente	Com probabilidade moderada
Pode acontecer	Possibilidade real	

Usando essa lista, você pode adicionar essas informações sobre as chances de um resultado ocorrer em qualquer árvore de decisão. Lembre-se de que todas as suposições são suposições instruídas, então não tenha medo de tentar avaliar a probabilidade de qualquer resultado, mesmo se você não tiver certeza. Uma suposição instruída é melhor do que nenhuma.

Os Três Ps: Preferências, Pagamentos e Probabilidades

Aqui está um exemplo de como você pode usar esses termos para expressar as probabilidades de diferentes resultados para a decisão sobre o emprego em Boston:

Decisão	Potenciais resultados	Probabilidade
	Você ama o emprego e a cidade. E também é louco pelo inverno.	Possibilidade real
	Você não gosta do clima. Mas o emprego é bom, então decidiu aguentar.	Provavelmente
	Você adora Boston, mas não gosta do emprego. Você desiste e busca outra oportunidade na mesma cidade.	Pouco provável
Aceitar o emprego em Boston.	Você consegue uma oportunidade melhor depois e desiste do emprego (isso pode incluir outros trabalhos em Boston ou em cidades diferentes, ou até voltar aos estudos).	Improvável
	Você ama o trabalho, mas o inverno é tão horrível que acaba desistindo.	Dificilmente
	Você odeia tudo: o emprego, a cidade e o inverno, e acaba desistindo. Com isso, volta para casa.	Pouco provável

Tanto o resultado quanto o viés retrospectivo podem levá-lo a se punir (ou a punir outras pessoas) após um resultado ruim, como quando a decisão de se mudar para Boston não for boa. Ao colocar a árvore de volta no lugar, incluindo colocar suas preferências em ordem e fazer uma estimativa das chances de cada resultado ocorrer, você pode ver mais claramente que os resultados mais prováveis variaram de extremamente bons (amar o trabalho, a cidade e o clima) para muito bons. Os dois resultados realmente ruins eram improváveis de acontecer.

> Ao adicionar essas informações à árvore, você pode examinar as possibilidades de ver como o lado positivo se compara ao lado negativo, se os ganhos possíveis compensam o risco. Em outras palavras, agora você pode executar o Passo 4: avaliar a probabilidade relativa dos resultados que você gosta e dos que não gosta para a opção em consideração.

É claro que, se você fizer isso *antes* de tomar a decisão sobre se mudar para Boston, será melhor ainda. Mapear as possibilidades e as probabilidades dá a você uma melhor visão da qualidade da decisão.

Isso também expõe outra dimensão da lacuna na lista de prós e contras: informações sobre a probabilidade de qualquer pró ou contra se desdobrar. Listas de prós e contras tornam impossível executar os Passos 3 e 4 do processo de decisão com qualquer fidelidade, porque ambos os passos precisam que você pense sobre a probabilidade.

Se você não pode executar nos passos que o ajudam a avaliar uma única opção em consideração (Passos 1 a 4), então você não pode executar o Passo 6 (comparar as opções entre si).

Uma lista de prós e contras não é realmente projetada como uma ferramenta para ajudar a comparar escolhas, mas sim como uma ferramenta para ajudá-lo a avaliar uma única escolha. E, pela lista de prós e contras ser plana, não é nem particularmente útil para isso. Embora possa ser melhor do que não usar nenhuma ferramenta (ainda que nem isso esteja claro), você também pode usar um martelo para pregar um parafuso na cômoda.

Isso criará uma estrutura instável.

Com o que você realmente se preocupa: um cenário geral ou recompensas específicas?

Até agora, falamos sobre os resultados como cenários gerais. Mas, para muitas decisões, há um aspecto específico do conjunto de resultados — uma recompensa específica — com a qual você realmente se preocupa. Quando for esse o caso, você pode concentrar seu foco no que é importante para você, restringindo suas estimativas a essas recompensas.

Se você está escolhendo um investimento, provavelmente está se preocupando com a recompensa monetária, especificamente. Nesse caso, você deve se concentrar na possibilidade de que, em um determinado tempo, seu investimento quadruplique, ou duplique, ou ganhe 50%, ou perca a metade do valor, ou vá a zero.

Se você está tentando comer de forma mais saudável, pode estar decidindo se deve parar de ir à sala de descanso para reduzir a exposição aos donuts. Ao considerar essa decisão, você pode se perguntar: "Qual é a probabilidade de, se eu for à sala de descanso, não comer nenhum donut, um, dois, ou tudo menos as migalhas?"

Imagine que você está contratando um candidato a um emprego e sua maior preocupação é a rotatividade de funcionários. Limitar seu foco à probabilidade de uma possível contratação ainda estar na empresa em seis meses, um ou dois anos permite que você avalie com mais clareza o aspecto da decisão mais importante para você.

Os Três Ps: Preferências, Pagamentos e Probabilidades 89

Esta é a aparência da árvore de decisão focada na retenção de funcionários:

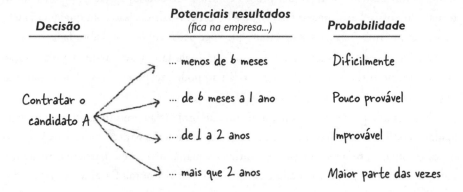

Você pode ver como estreitar o foco dessa forma, simplificando o conjunto de resultados ao se concentrar em uma dimensão específica da maneira como as coisas podem acontecer, esclarece o Passo 4. Que também esclarece, naturalmente, a avaliação de uma opção em relação a outras opções disponíveis, criando uma comparação clara.

Agora você pode repetir o processo para outros candidatos (Passo 5) e comparar cada opção (Passo 6) para descobrir o que tem mais probabilidade de resolver seus custos cada vez maiores com recrutamento. Você pode olhar as duas opções e ver qual tem a maior probabilidade de obter o resultado que deseja.

No caso abaixo, o candidato A seria a melhor escolha:

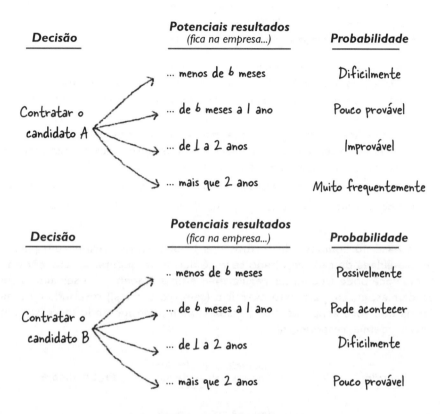

Vamos tentar alguns desses termos de probabilidade para tamanho.

No seu mais recente *check-up*, sua médica reparou que seus níveis de açúcar no sangue estão bem acima do normal (malditos donuts na sala de descanso!) e o aconselha a modificar sua dieta e a começar a fazer exercícios regularmente.

Você concorda com as recomendações dela e até se voluntaria a comer mais vegetais que não foram fritos. Você também cogita ingressar em uma academia chamada Sensações de Suor (*Sweat Sensations*, no original), para seguir os conselhos dela sobre exercícios regulares.

Ao considerar a possibilidade de ingressar na Sensações de Suor, a recompensa que lhe interessa é a frequência com que você realmente vai malhar. Você está tentando aumentar sua quantidade de exercícios, por ordem médica, então a frequência com que você vai (presumindo que, uma vez lá, você se exercite vigorosamente) é o aspecto com o qual você mais se importa ao avaliar sua decisão. Quanto mais você for à academia, mais você se exercitará e maiores serão as vantagens para sua saúde. Quanto menos você for, menor a sua vantagem.

Eis um conjunto razoável de potenciais resultados:

- A última vez que você vai à academia é quando busca a carteirinha. Você a carrega por um longo tempo, com a intenção de ir, mas acaba esquecendo-a em uma gaveta de escrivaninha. Em outras palavras, você vai zero vezes por semana.
- Você começa a ir regularmente, mas vai diminuindo gradualmente até ir apenas uma vez por semana, bebendo um *smoothie* enquanto está sentado, parado, na bicicleta ergométrica mais antiga do lugar.
- Você vai à academia 3 vezes na semana e isso acaba se tornando uma rotina.
- Você fica viciado, contrata um *personal* e vai à academia 5 vezes na semana.

1 Com base no conjunto de termos dos Mauboussins, adicione um para a probabilidade de cada resultado se você decidir frequentar a Sensações de Suor. Você pode frequentar regularmente uma academia ou ser alérgico a academias, então, para este exercício (sem trocadilhos), responda de uma forma que você acha que uma pessoa comum, considerando ingressar em uma academia, responderia.

	Potenciais resultados	
Decisão	*(frequência de exercícios)*	**Probabilidade**

Entrar em uma academia

Nenhuma vez na semana _____

Regularmente, caindo para até uma vez por semana _____

Três vezes por semana _____

Cinco vezes por semana _____

2 Quais crenças e conhecimentos você usou para fazer essas estimativas?

_____

_____

_____

_____

As vantagens de usar termos que expressam probabilidades

Adicionar estimativas de probabilidade à árvore de decisão melhorará significativamente a qualidade de suas decisões, em vez de simplesmente identificar as possibilidades e suas preferências. Para tomar decisões melhores, você deve considerar a probabilidade de ocorrência de qualquer resultado, incluindo aqueles de sua preferência e aqueles que deseja evitar. Sem essa etapa extra, é difícil avaliar a qualidade de qualquer opção por conta própria e ainda mais difícil comparar opções.

Se a sua meta é se exercitar três vezes na semana e parece, a partir de suas estimativas, que uma academia não será a solução, isso pode estimulá-lo a procurar outras opções. Equipamentos em casa? Pedalar? Transformar os 15 lances de escada do seu local de trabalho em sua academia? Você pode comparar e determinar qual opção oferece a melhor probabilidade de obter a recompensa desejada de melhoria da saúde.

[7]
Se Você Não Perguntar, Não Terá uma Resposta

Um dos maiores benefícios da Mentalidade do Arqueiro, de fazer você mirar, é que ela o leva a se perguntar aquelas duas questões que discutimos anteriormente sobre o valor de adivinhar:

1. O que eu já sei que tornará meu palpite mais instruído? (E como posso aplicar esse conhecimento?)

2. O que eu posso descobrir que tornará meu palpite mais instruído?

Mirar deixará você com fome de responder a essas perguntas, movendo as coisas da caixa "coisas que você não conhece" para a caixa "coisas que você conhece".

Suas crenças são parte da base de cada decisão que você toma. Suas crenças informam quais opções você acha que estão disponíveis e como a sua decisão pode resultar. Suas crenças informam quão provável você acha que as coisas acontecem ou são verdadeiras. Elas informam o que você acha que são as recompensas e até mesmo informam seus objetivos e valores.

> Sua principal arma para melhorar suas decisões é transformar algumas das "coisas que você não conhece" em "coisas que você conhece".

E aqui está o problema: o desenho anterior não está em escala. Realmente deveria se parecer mais com isto:

O que você sabe é mais parecido com o tamanho de uma partícula de poeira que caberia na cabeça de um alfinete. O que você não sabe é mais parecido com o tamanho do universo.

Pode parecer assustador que a partícula que você conhece seja tão pequena. Mas há boas notícias, especialmente se você adotar uma atitude construtiva sobre a adivinhação: toda vez que você aprende algo e transforma algumas "coisas que você não conhece" em "coisas que você conhece", fortalece a base de suas decisões.

Temos dois problemas principais quando se trata das coisas que sabemos. *Primeiro, simplesmente não sabemos muito.* Aprender novas coisas fortalece a base, tornando-a mais resistente.

Segundo, o que sabemos está repleto de imprecisões. Muitas das nossas crenças não são perfeitamente verdadeiras. Podemos pensar nessas imprecisões como rachaduras na fundação. A única maneira de consertá-las e sustentar a fundação é encontrar as imprecisões em nossas crenças. E o único lugar onde encontraremos essas informações é no universo de coisas que não conhecemos.

Por isso, é tão importante para uma boa tomada de decisão se perguntar sobre as possibilidades, as recompensas e as probabilidades de o futuro se desdobrar de diversas maneiras. Força você a avaliar o que sabe e procurar o que não sabe.

E aqui estão ainda mais boas notícias: esse pontinho, muitas vezes, pode ser o suficiente para deixá-lo mais perto do centro do alvo. Você não precisa saber tanto quanto pensa para fazer uma diferença significativa nas respostas possíveis. Como quando você está estimando o peso de um bisão.

Essa é a beleza de uma abordagem para a tomada de decisão que começa examinando o que você sabe, mesmo se você achar que precisa de um microscópio para fazer isso. Um pouco de conhecimento pode ajudar muito. E, quanto mais você sabe, melhor para você.

Por que isso importa?

Existem duas maneiras pelas quais a incerteza intervém no processo de decisão: informação imperfeita e sorte. A informação imperfeita intervém antes da decisão. A sorte intervém após a decisão, mas antes do resultado.

DUAS FORMAS DE INCERTEZA

Sorte, por definição, é algo sobre o qual você não pode fazer nada. A expressão "você faz sua própria sorte" é um pensamento positivo ou uma compreensão ruim da sorte. Se você tiver duas opções e uma delas funcionar 5% do tempo e a outra 95% das vezes, você tem controle sobre a sua escolha. Se você fizer a melhor escolha, aumentará suas probabilidades de sucesso.

Mas uma vez que você escolha, mesmo que selecione a opção que funcionará em 95% das vezes, você não tem o controle sobre como essa decisão funcionará nessa tentativa. Por definição, as coisas *irão* mal em 5% das vezes e você não pode controlar quando esses 5% acontecerão.

Muito do foco deste livro foi fazer coisas para ajudá-lo a escolher a melhor opção. Mas suas escolhas não podem *garantir* grandes resultados, por causa da sorte.

Em contraste, você tem algum controle sobre a incerteza na forma de informações imperfeitas. Suas crenças informam suas decisões e você tem a capacidade de melhorar a qualidade dessas crenças. Você raramente pode obter informações perfeitas, mas pode chegar mais perto.

Enquanto termos como "geralmente", "frequentemente" e "raramente" são instrumentos contundentes, são melhores do que nada, porque permitem que você comece a mirar. Como você já usa esses termos todos os dias, provavelmente se sente bem com eles. Eles fornecerão uma transição fácil para o pensamento probabilístico.

Mesmo se você nunca deixar de usar esses instrumentos rudes e imprecisos para estimar a probabilidade, você ainda terá uma ferramenta que pode mitigar alguns dos tremendos danos que vieses como o de resultado e o retrospectivo podem causar em seu julgamento quando se trata de aprender com seus resultados. Ao tomar novas decisões, você terá uma ideia geral melhor dos resultados possíveis de qualquer opção que esteja considerando, junto com as suas preferências por esses resultados e suas probabilidades. Isso o fará começar a pensar de forma deliberada, explícita e útil sobre o que o futuro pode trazer, melhorando naturalmente a qualidade geral das suas decisões.

[8]
Resumo

Esses exercícios foram projetados para fazê-lo pensar sobre os seguintes conceitos:

- Incorporar **preferências**, **pagamentos** e **probabilidades** em uma árvore de decisão é parte integrante de um bom processo de decisão.
- **Preferência** é individual para você, e depende de suas **metas** e **valores**.
- O **pagamento** é como um resultado afeta seu progresso para próximo ou longe da meta.
- Algumas possibilidades terão pagamentos onde você ganha algo que valoriza. Isso inclui o **potencial positivo** de uma decisão.
- Algumas possibilidades terão pagamentos onde você perde algo que valoriza. Isso inclui o **potencial negativo** de uma decisão.
- **Risco** é a sua exposição ao potencial negativo.
- Pagamentos podem ser medidos em algo que você valoriza (dinheiro, tempo, felicidade, saúde, sua ou de outros, moeda social etc.).
- Quando você pensa se uma decisão é boa ou ruim, está comparando o lado positivo com o negativo. O potencial positivo compensa o **risco** do potencial negativo?

- **Probabilidades** expressam a chance de algo ocorrer.

- Combinar probabilidades com preferências e recompensas ajuda a resolver melhor o paradoxo da experiência, permitindo que você saia da sombra do resultado específico que lhe é oferecido.

- Combinar probabilidades com preferências e recompensas ajuda você a avaliar e comparar as opções com mais clareza.

- Uma lista de prós e contras é plana. Nela faltam informações tanto sobre o tamanho do pagamento quanto sobre a probabilidade de ocorrer um pró ou um contra. Por isso, é uma ferramenta de decisão de baixa qualidade para avaliar opções e compará-las entre si.

- Muitas pessoas relutam em estimar a probabilidade de algo acontecer no futuro. ("Isso é especulação." "Eu não sei o suficiente." "Eu estaria apenas adivinhando.")

- Mesmo que suas informações sejam imperfeitas, você sabe *algo* sobre a maioria das coisas, o suficiente para fazer uma **suposição instruída**.

- A **vontade de adivinhar** é essencial para melhorar as decisões. Se você não adivinhar, será menos provável que pergunte "o que eu sei" e "o que eu não sei".

- Você pode começar a **expressar as probabilidades usando termos comuns**. Isso o faz pensar sobre a frequência com que os resultados ocorrerão, apresenta uma visão da probabilidade relativa e dá a você um instantâneo da probabilidade geral dos melhores e dos piores resultados.

CHECKLIST

Ao avaliar uma decisão passada ou tomar uma nova decisão, consulte os **Seis Passos para uma Melhor Tomada de Decisão**:

☐ **Passo 1 — Identifique o conjunto razoável de resultados possíveis.** Esses resultados podem ser cenários gerais ou ser focados em aspectos particulares dos resultados com os quais você se preocupa especialmente.

☐ **Passo 2 — Identifique sua preferência por cada resultado — em que nível você gosta ou não de cada um, dados os seus valores?** Essas preferências serão impulsionadas pelas recompensas associadas a cada resultado. Os ganhos compõem o lado positivo e as perdas compõem o lado negativo. Inclua essa informação em suas árvores de decisão.

☐ **Passo 3 — Faça uma estimativa da probabilidade de cada resultado se desdobrar.** Para começar, use termos comuns que expressam probabilidades. Não tenha medo de adivinhar.

☐ **Passo 4 — Avalie a probabilidade relativa de resultados que você gosta ou não para a opção em consideração.**

☐ **Passo 5 — Repita os Passos 1 a 4 para outras opções a se considerar.**

☐ **Passo 6 — Compare as opções.**

Os Três Ps: Preferências, Pagamentos e Probabilidades 99

Suposição de Bovinos

Em 1906, o cientista britânico Francis Galton observou 800 pessoas comprarem ingressos para adivinhar o peso de um boi gordo. Após o concurso, Galton pegou os ingressos, esperando provar por meio desse experimento improvisado que uma suposição coletiva seria muito inferior a perguntar a um especialista.

O que ele descobriu foi que, embora um especialista possa estar mais perto do que a maioria das suposições individuais, as estimativas convergiram para o peso real, e a *média* de todas essas estimativas (543 quilos, abatidos e limpos) estava dentro de meio quilo do peso real do boi!

Em 2015, o *Planet Money Podcast*, da NPL, conduziu uma versão online desse experimento. Eles postaram a foto de um de seus correspondentes (que pesava 75 quilos) parado ao lado de uma vaca chamada Penélope e pediram aos leitores que adivinhassem o peso da vaca. Mais de 70 mil pessoas responderam. Elas não chegaram tão perto quanto as pessoas na feira de Galton, mas a média de palpites, de 583 quilos, estava bem perto do peso real de Penélope, de 615 quilos.

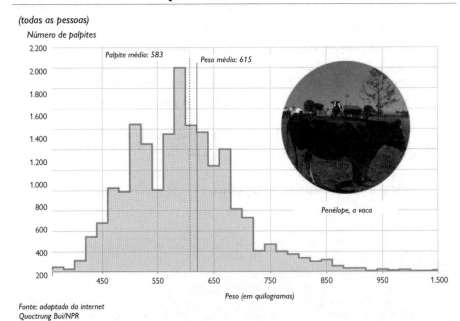

QUAL É O PESO DESTA VACA?

Fonte: adaptado da internet
Quoctrung Bui/NPR

Como Decidir

5
Mirando no Futuro: o Poder da Precisão

[1]
Perdido na Tradução: agora, as más notícias sobre o uso de termos que expressam probabilidades

Vamos voltar à extensa lista de Andrew e Michael Mauboussin que expressa probabilidades. Eles a compilaram para que pudessem fazer uma pesquisa a fim de descobrir quais probabilidades as pessoas têm em mente quando usam esses termos.

1 Na página 103, você verá a pesquisa dos Mauboussins e terá a chance de respondê-la. Verá que todos os termos estão listados lá, ao lado de quatro colunas em branco. Ao lado de cada um dos termos, na primeira coluna, preencha a *probabilidade* de que um evento futuro aconteça ao usar cada termo. Expresse cada probabilidade como uma chance percentual, entre 0% e 100% do tempo.

Por exemplo, qual é a probabilidade de ocorrer um evento quando você diz, "eu acho que há uma *possibilidade real* disto acontecer"? Qual a porcentagem de tempo que você espera para que esse evento aconteça?

Muitas pessoas não se sentem confortáveis usando probabilidades expressadas em percentuais. Afinal, isso é parte do motivo pelo qual as pessoas preferem usar esses termos de linguagem natural. Caso isso se aplique a você, pode ser mais fácil se perguntar: "Para eu usar esse termo a fim de descrever a probabilidade de um resultado ocorrer, quantas vezes em cem eu acho que seria esse o resultado que ocorreria?"

Por exemplo, se você jogar uma moeda ao alto cem vezes, em quantas você acha que dará cara — e que termo você usaria para descrever essa probabilidade?

Se Mike Trout fosse para a rebatida, quantas vezes em cem ele conseguiria rebater — e qual termo você usaria para descrever essa probabilidade?

Se você acertar o primeiro saque em uma partida de tênis cem vezes, quantas vezes em cem você acha que acertaria o saque — e que termo usaria para descrever essa probabilidade?

Se você passasse pela sala de descanso cem vezes, quantas vezes em cem você acha que pararia para comer um donut — e que termo usaria para descrever essa probabilidade?

Se você começasse um negócio baseado no aplicativo do Reino do Pente cem vezes, quantas vezes em cem você acha que receberia uma oferta de compra multimilionária a qualquer momento — e qual termo usaria para descrever essa probabilidade?

O número de vezes em cem que você pensa que o evento acontecerá se converte diretamente na probabilidade expressa como percentual. Se você pensa que um evento acontecerá 20 vezes em cem, isso se converte em uma chance de 20%. Se você pensa que um evento acontecerá 62 vezes em cem, isso se converte em 62%. Se você pensa que ele ocorrerá em 99 vezes em cem, isso se converte em 99%.

Então, se você acha que algo que é "superprovável" (não é um dos termos da pesquisa) acontecerá 85 vezes em 100, isso significa que "superprovável" é o equivalente a 85% de chance. Nesse caso, se dissesse que "estou muito propenso a comer um donut se passar pela sala de descanso", isso se converteria em 85 vezes a cada cem, ou uma chance de 85% de você mergulhar naqueles donuts na sala de descanso.

Após preencher as questões a seguir, pesquise outras três pessoas.

É importante que nenhum dos entrevistados veja as respostas do outro até ter completado a sua pesquisa. Pergunte a eles os termos e registre suas respostas ou cubra cuidadosamente as colunas já preenchidas.

Como Decidir

	Você	Pessoa A	Pessoa B	Pessoa C
Frequentemente				
Quase com certeza				
Com frequência				
Não frequente				
Aposta certa				
Com pouca probabilidade				
Provavelmente				
Quase sempre				
Normalmente				
Talvez				
Real possibilidade				
Provavelmente				
Moderada probabilidade				
Mais frequente do que não				
Alta probabilidade				
Improvável				
Certamente				
Sempre				
Nunca				
Possibilidade séria				
Raramente				
Pode acontecer				
Possivelmente				

2 Compare as quatro pesquisas. Quanto acordo havia? (Marque um.)

Muito   *Quantia moderada*   *Um pouco*   *Quase nada*

3 Quais termos tiveram as maiores amplitudes entre a probabilidade mais baixa e a mais alta?

_____

_____

4 Você achou a quantidade de discordância surpreendente?   *SIM   NÃO*

Mirando no Futuro: o Poder da Precisão (103)

Terra da confusão

Aposto que você descobriu que houve muita discordância sobre o significado desses termos. Isso foi o que ocorreu com os Mauboussins em sua pesquisa com 1.700 pessoas. A figura na próxima página mostra a gama de probabilidades que as pessoas deram para cada termo em suas amostras. (A resposta média para cada termo é mostrada como uma linha dentro da área sombreada.)

Você pode ver claramente uma enorme variedade no que as pessoas têm em mente quando usam esses termos.

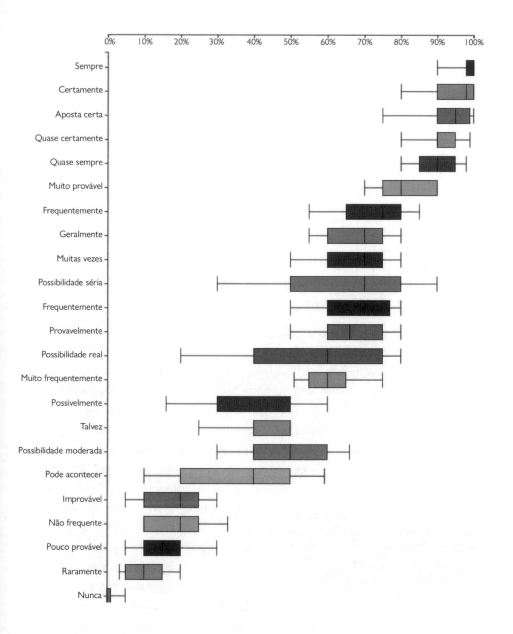

Alguns desses termos tinham variações surpreendentemente amplas, que eu imagino que você experimentou em sua pesquisa de quatro pessoas. Por exemplo, "possibilidade real" tem um alcance entre 20% e 80%. Um quarto das pessoas que responderam à pesquisa achou que o termo significava 40% ou menos do tempo. Um quarto achou que significava entre 40% e 60%. Um quarto achou que significava entre 60% e 75%. E, finalmente, um quarto achou que superava 75% do tempo.

Mirando no Futuro: o Poder da Precisão

As pessoas nem mesmo concordam com o que os termos *sempre* e *nunca* significam!

Se você é como a maioria das pessoas, ficou bem surpreso com os resultados. A maioria de nós não está ciente da ampla gama do que essas palavras significam para diferentes pessoas. Presumimos que, quando usamos um termo, outras pessoas o usam da mesma maneira que nós e eles significam a mesma coisa do que para nós.

Isso é particularmente verdadeiro quando usamos termos comuns.

Esse exercício mostra que os termos comuns são, realmente, instrumentos contundentes para expressar probabilidades. Eles são inerentemente ambíguos, refletindo uma ampla área-alvo. Claro, isso é parte do motivo pelo qual as pessoas gostam de usá-los. Quando você usa um termo ambíguo, sente que tem muito mais liberdade se estiver preocupado em estar "errado". Essa margem de manobra, no entanto, tem um preço alto: outros podem interpretar esses termos de forma diferente.

Muitas coisas que você não sabe vivem na cabeça de outras pessoas

A imprecisão desses termos cria um problema na execução com o objetivo de mover algumas das *coisas que você não sabe* para a categoria das *coisas que você sabe*. Isso torna mais difícil tanto consertar as rachaduras na base das suas decisões criadas por imprecisões em suas crenças quanto fortalecer essa base, ampliando seu conhecimento.

Porque muitas das coisas que você não sabe vivem na cabeça dos outros, receber feedback de outras pessoas sobre as coisas em que você acredita e as decisões que você toma será uma das suas melhores ferramentas para extrair conhecimento do mundo. Mas, quando você usa esses termos na comunicação com os outros, o que você pretende pode ser muito diferente do que a outra pessoa ouve. Isso é um grande problema, porque, para obter feedback de alta fidelidade sobre suas decisões e crenças, você precisa falar a mesma língua que a pessoa que está lhe oferecendo.

> Quando você usa esses termos contundentes, você e as outras pessoas da conversa, geralmente, falam idiomas diferentes, mesmo sem saber.

Se você acredita que algo tem 30% de chances de ocorrer e está falando com alguém que tem informações confiáveis de que isso tem 70% de chances, é útil descobrir essa discordância. Você precisa da informação que vive na cabeça dele para corrigir a sua crença. A falha em extrair essas informações é uma oportunidade perdida, e qualquer decisão com base em sua estimativa terá qualidade inferior como resultado.

Se você comunicar o que pretende com precisão, usando probabilidades expressas em percentuais, a discordância é imediatamente revelada. Se eu disser que algo tem

30% de chances de acontecer e você diz que tem 70%, sabemos que discordamos. Não há ambiguidade.

Se, em vez disso, eu disser "este evento tem uma possibilidade real de acontecer", a discordância pode permanecer oculta porque você pode não saber que eu penso que 30% de chances é uma "possibilidade real" e eu posso não saber que, para você, significa 70%. Por falarmos de forma diferentes, você pode apenas concordar com a cabeça e nunca me fornecer as informações valiosas em sua posse. Como usei uma linguagem ambígua, perdi a chance de atualizar e calibrar a minha crença.

E essa é uma enorme oportunidade desperdiçada.

Imagine o efeito acumulado na qualidade da sua tomada de decisões de todas essas oportunidades perdidas ao longo da sua vida.

A precisão revela a discordância. Revela lugares onde a sua crença é diferente de outrem. E isso é bom, porque você desejará saber quando tiver algo errado. Ela lhe dá a chance de fazer do modo certo.

Pense nisso assim: dizer que "2 + 2 resulta em um número pequeno" o ajudará em matemática, mas não o tornará um especialista. "Um número pequeno", tecnicamente, está correto, mas é muito mais útil para a sua professora descobrir que você pensou que a resposta era 5, 2, ou 4, todos números pequenos. É verdade que a resposta menos exata torna mais difícil estar errado, mas você precisa descobrir quando tiver a resposta errada se quiser melhorar em matemática.

Essa imprecisão também torna mais difícil para você se responsabilizar. Quanto mais ampla você permitir que a área-alvo seja, menor será a probabilidade de pesquisar informações que o ajudem a chegar a uma resposta mais precisa. A margem de manobra permite que você se livre não apenas de outras pessoas, mas também de si mesmo.

É, por isso, que a precisão importa.

Existem muitos exemplos reais de como a imprecisão de termos para a probabilidade criada se desconecta com consequências de alto risco. Philip Tetlock ofereceu isso em seu livro *Superprevisões: A Arte e a Ciência de Antecipar o Futuro,* de 2015. Quando o presidente Kennedy aprovou o plano da CIA para derrubar Fidel Castro (conhecido como a Invasão da Baía dos Porcos), ele pediu a opinião de seus conselheiros militares sobre se a tentativa teria sucesso. O Estado-maior Conjunto disse a Kennedy que o plano da CIA tinha uma "chance razoável" de sucesso (que o autor da avaliação considerou em 25%). Por Kennedy pensar que uma "chance razoável" significava algo muito maior, a aprovou. O plano foi um fracasso, parecendo desajeitado e amador, e envergonhou os Estados Unidos em um momento crucial da Guerra Fria.

[2]

Precisão Importa: definir mais claramente o alvo, fazendo suposições fundamentadas

Claro, não é que o uso de palavras seja inútil. Expressar probabilidades usando esses termos é um bom lugar para começar a se treinar para pensar de forma probabilística. Trabalhar com esses termos faz você pensar sobre a probabilidade de um evento ocorrer. Faz com que você pense sobre a probabilidade dos resultados que você prefere em relação aos que não gosta. Oferece uma maneira de comparar opções. Mais importante, isso inicia o processo de você se perguntar: "O que eu sei e o que mais posso saber?"

Isso tudo é bom.

Mas, assim que começar esse processo, você desejará ir além do uso desses termos por causa do que os torna tão atraentes: *a margem de manobra que eles oferecem, o que torna difícil estar errado.*

Pode ser assustador se abrir para a precisão e a responsabilidade de fazer uma estimativa específica, mas vale a pena tentar. Como qualquer arqueiro lhe dirá, quanto mais você treinar a sua mira naquele alvo, maior será a probabilidade de acertá-lo (e maior será a probabilidade de você chegar perto e marcar mais pontos). Sim, você está mirando no alvo quando usa esses termos, mas não está realmente mirando na *mosca*.

Deixar de expressar probabilidades por meio de termos de linguagem natural para expressá-las a partir de porcentagens faz parte de tirar aquela venda de colocar-o-rabo-no-burro.

Agora, as boas notícias: você já tem uma lista que converte esses termos para expressar probabilidades em porcentagens.

Que lista?

Aquela que você acabou de criar com as respostas à pesquisa dos Mauboussins. Se você está estimando a probabilidade de ocorrência de um determinado resultado e um desses termos vem à mente, você pode consultar a lista e, em vez de usar esse termo, pode usar a probabilidade expressa como a porcentagem que você quer dizer quando usa o termo.

Vamos usar essa conversão para a decisão de contratação do Capítulo 4. Lembre-se de que, para essa decisão, o aspecto mais importante do resultado foi quanto tempo o candidato permaneceria na empresa. Usando as respostas médias à pesquisa dos Mauboussins, é assim que essas mesmas árvores se pareceriam, substituindo os termos da linguagem natural por porcentagens (os termos das árvores originais foram incluídos apenas para referência):

Decisão	Potenciais resultados (fica na empresa...)	Probabilidade (termos)	Probabilidade (%)
Contratar o candidato A	... menos de 6 meses	Dificilmente	10%
	... de 6 meses a 1 ano	Pouco provável	15%
	... de 1 a 2 anos	Improvável	20%
	... mais que 2 anos	Muito frequentemente	55%

Decisão	Potenciais resultados (fica na empresa...)	Probabilidade (termos)	Probabilidade (%)
Contratar o candidato B	... menos de 6 meses	Possivelmente	35%
	... de 6 meses a 1 ano	Pode acontecer	40%
	... de 1 a 2 anos	Dificilmente	10%
	... mais que 2 anos	Pouco provável	15%

Você pode ver como a conversão de termos em porcentagens esclarece as estimativas. Essa precisão ajuda, particularmente, com o Passo 6, que consiste em comparar as opções entre si. Expressar as probabilidades dessa forma torna a resposta clara: com base nessas estimativas, o candidato A tem maior probabilidade de permanecer na empresa por mais tempo.

1 Faça uma conversão semelhante de termos de linguagem natural para probabilidades expressas como porcentagens para as estimativas que você usou na árvore de decisão anterior sobre ingressar na academia:

2 As probabilidades superam 100%? Como esses resultados são exclusivos um do outro, você deve ajustar as probabilidades para se certificar que não. O total das probabilidades potenciais não precisa totalizar 100% *exatamente, porque o conjunto de resultados possíveis não é exaustivo — você está se concentrando em resultados razoáveis e não está tentando levar em conta todas as probabilidades.*

Claro, há uma chance diminuta de um asteroide atingir Boston, ou de você ganhar na loteria e não ter que trabalhar novamente, ou de se juntar a um movimento político *underground* e se tornar o prefeito de Nova Boston após Massachusetts se separar dos Estados Unidos. Mas esses tipos de resultados não se enquadram na categoria "razoável", então geralmente não é útil incluí-los em seu processo de tomada de decisão.

Como a lista de possibilidades não deve ser exaustiva, as probabilidades podem totalizar menos de 100%. Mas, da mesma forma, as probabilidades de resultados que são exclusivos um do outro também não podem somar mais de 100%.

[3]
Em Casa no Intervalo

Quando você tem uma informação perfeita (ou quase), pode saber a probabilidade exata. Você sabe precisamente onde está o centro do alvo e que o atingirá.

Na próxima vez em que jogar uma moeda, sabe que há exatamente 50% de chance de dar cara.

Sabendo que a média de rebatidas de Mike Trout é de 0,305, você sabe que há uma chance de 30.5% dele acertar a próxima rebatida.

Você sabe essas coisas sobre moedas e jogadores de beisebol porque tem muita informação a respeito.

Mas a vida raramente é assim; é mais frequente vermos situações como a do bisão.

Para a maioria das coisas que você está estimando, seja a sua frequência na Sensações de Suor ou se ficará rico ou irá à falência com o aplicativo Reino do Pente, você não consegue chegar perto da informação perfeita. Embora seja útil fazer suas estimativas o mais precisas possível, também é crucial ser claro sobre — para os outros e para você mesmo — o quanto de "instruído" existe no seu "palpite instruído".

Você quer explicitar sobre o quão incerta sua crença é. Uma maneira conveniente de expressar onde você está no *continuum* sem informações e informações perfeitas é oferecer, *junto com* a sua estimativa exata (centro do alvo), um intervalo em torno dessa estimativa. Esse intervalo comunica o tamanho da área do seu alvo, fornecendo o valor razoável mais baixo que você acha que a resposta poderia ser (*o limite inferior*) e o valor razoável mais alto que você acha que poderia ser (*o limite superior*).

Se fizesse isso com o peso do bisão, meu alvo estimado seria de 816 quilos. Meu *limite inferior* seria de 499 quilos. Meu *limite superior* seria de 1.588 quilos. Esse intervalo é grande porque meu conhecimento sobre o peso deste bisão em particular — ou de um bisão em geral — não é bom. Mesmo assim, esse intervalo elimina muitas possibilidades porque eu sei muito sobre o peso das coisas em geral. Se você está estimando o seu tempo de deslocamento em um determinado dia e vive em uma cidade pequena com pouco congestionamento, construção ou problemas climáticos, suas estimativas de tempo de deslocamento mais lentos e mais rápidos não serão muito diferentes.

Se a sua pequena cidade é Snowmass Village, Colorado, no entanto, o tráfego sazonal e o clima invernal podem transformar uma viagem rápida e panorâmica em uma aventura cheia de "para e anda" em estradas de montanhas geladas e traiçoeiras. Isso significa que a diferença entre o limite superior e o inferior na estimativa do tempo de deslocamento será

Mirando no Futuro: o Poder da Precisão (111)

mais estreita no verão, quando o tempo é mais fácil de prever e há menos turistas, do que no inverno, quando há mais incerteza sobre as condições de direção.

Se seu trajeto diário envolve dirigir em uma rodovia de Los Angeles, seu intervalo será muito maior. Uma viagem em LA que leva 15 minutos sem tráfego pode levar horas se ele estiver intenso, então a distância entre o seu limite superior e o inferior refletiria isso.

Ter um intervalo amplo não é uma coisa ruim. Em vez disso, é uma maneira de refletir com a maior precisão possível quanto de *instruído* existe em um palpite desse tipo. Um intervalo mais amplo que seja verdadeiro para o que você faz e não sabe é mais útil do que um intervalo mais estreito que exagera sua certeza.

Um intervalo amplo envia um sinal, a você e aos outros, sobre quanta incerteza você tem. Isso deve ativar seu superpoder de tomada de decisão, que consiste em descobrir informações que possam ajudá-lo a estreitar esse intervalo.

Sinalizar sua incerteza melhora as chances de você ficar exposto a novas informações (especialmente informações que discordam de você) de duas maneiras importantes:

> **O intervalo em volta da sua estimativa de alvo define o tamanho da sua área-alvo e serve a um propósito-chave: sinaliza, para você e aos outros, o quão incerto você está sobre seu palpite. Ele revela onde você se encontra no *continuum* entre nenhum conhecimento e o conhecimento perfeito.**
>
> **Quanto mais longe você estiver da informação perfeita, maior será o alvo que você está definindo. Quanto mais perto você estiver de ter informações perfeitas, menor será o alvo que você está definindo. Nas raras ocasiões em que você tem informações perfeitas e nenhuma certeza, seu alvo será todo na *mosca*.**

1. Quando você expressa um falso senso de certeza — o que você pode fazer, embora não intencionalmente, se compartilhar apenas a sua estimativa de alvo — outros são muito menos propensos a escorar as rachaduras na base de suas decisões, oferecendo-lhe *informações corretivas* sobre suas crenças. Isso pode acontecer porque eles pensam que *estão* errados e não querem se envergonhar compartilhando o que pensam, ou podem pensar que você está errado e estão preocupados em envergonhá-lo. *Isso é particularmente problemático se você estiver em uma função de liderança.*

2. Oferecer um intervalo em torno da sua estimativa implica uma pergunta ao interlocutor: *você pode me ajudar com isto?* Quando você cria um limite superior e um inferior, expressa que está sentado em algum lugar entre nenhum conhecimento e o conhecimento perfeito. Deixar o ouvinte saber que você está inseguro

aumenta a probabilidade de ele compartilhar informações úteis e perspectivas, *porque você pediu ajuda a ele.*

Quando você expressa probabilidades como porcentagens e oferece um intervalo razoável em torno dessas estimativas probabilísticas, aumenta sua exposição ao universo das *coisas que você não conhece.* Isso aumenta a chance de você descobrir informações corretivas que o ajudarão a reparar imprecisões em suas crenças e melhorar a qualidade das suas decisões.

O Teste de Choque

Ao definir esses intervalos, sua meta é pensar sobre os valores *razoáveis* mais baixo e mais alto para tudo o que você está estimando. Mas o que significa *razoável*?

O que *não* significa é criar um intervalo que *garanta* que a resposta correta estará incluída nos limites superior e inferior. Esse intervalo simples não seria informativo.

Qual é o peso do bisão? Posso garantir que meu intervalo incluiria a resposta real se eu dissesse de "zero a infinitos quilos".

Qual a probabilidade de Mike Trout rebater na próxima entrada? "Zero a 100%." Outra vitória garantida.

Meu intervalo para o resultado de 2 + 2? Eu não brincaria limitando-o a "um pequeno número". Eu poderia garantir que captei a resposta real dizendo: "Infinito negativo para infinito positivo."

Viva, 3 de 3, certo?

Nem tanto, porque esses intervalos não refletem com precisão as coisas que eu sei *e* as que não sei. Quer dizer, obviamente sei que 2 + 2 não é igual a infinito.

> O objetivo é definir o intervalo mais estreito possível; e você ficaria muito *chocado* se o alvo não estivesse nesse intervalo.

Quase sempre, você sabe *alguma coisa* e o intervalo que você define deve refletir isso. Um intervalo que garante objetivamente a resposta verdadeira sempre cai dentro dos limites superior e inferior, supera a falta de conhecimento. Da mesma forma, um intervalo excessivamente estreito supera o que você *sabe.*

Você está buscando o ponto ideal entre muito amplo e muito estreito, um intervalo que reflete com precisão as coisas que você sabe, equilibradas com as coisas que você não sabe.

Isso é o que significa *razoável.*

O professor Abraham Wyner, de Wharton, sugere que uma forma eficiente de conseguir uma boa maneira de chegar a limites superior e inferior razoáveis é perguntar a si mesmo: *"Eu ficaria muito chocado se a resposta ficasse fora deste intervalo?"* Se você usar isso como padrão, seu intervalo refletirá naturalmente o quanto há de instruído em seu palpite.

"Muito chocado" atinge um bom equilíbrio entre ser exageradamente exato (quando você está realmente muito incerto) e ter um intervalo que é tão confortavelmente amplo que a resposta nunca sai de seus limites.

1 Pratique o teste de choque.

Para cada um dos dez itens a seguir, dê a sua melhor estimativa na mosca (o seu melhor palpite instruído, se você fosse forçado a adivinhar um valor exato) e defina um intervalo em torno dessa estimativa exata que representa os valores mais baixo e alto possíveis que você acha que a resposta correta poderia ter.

Lembre-se, o objetivo é definir o intervalo mais estreito, onde você ficaria bem chocado se a resposta correta não estivesse dentro dele.

Uma forma de se pensar em ficar "bem chocado" é tentar capturar a resposta correta dentro do seu limite superior e inferior para nove dos dez itens. Repare que eu não disse que você está chutando em pelo menos *nove* respostas corretas ao seu alcance. Isso significaria que acertar todos os dez seria parte da meta, o que encorajaria definir intervalos excessivamente amplos. Isso significa que, para cada resposta, você tem 90% de chance de capturar a resposta certa.

Atirar em nove entre dez é uma boa regra para chegar ao ponto ideal entre muito largo e muito estreito.

Também é importante lembrar que, na medida em que você está em um lugar diferente no *continuum* entre nenhum conhecimento e conhecimento perfeito para diferentes assuntos, a distância entre seus limites superior e inferior deve refletir isso. Por exemplo, se você não sabe muito sobre Meryl Streep, mas sabe muito sobre o Prince, provavelmente teria uma gama mais ampla para o item B, a seguir, do que para o C.

	Melhor Estimativa	Limite Inferior	Limite Superior
a. A população atual da cidade onde você nasceu			
b. Número de indicações de Meryl Streep ao Oscar			
c. Idade de Prince quando morreu			
d. O ano dos primeiros Prêmios Nobel entregues			
e. O número de equipes na NFL			

	Melhor Estimativa	Limite Inferior	Limite Superior
f. A probabilidade de uma pessoa nos EUA viver em uma cidade com mais de 1 milhão de habitantes			
g. O número de pessoas que votaram em Abraham Lincoln nas eleições presidenciais de 1860			
h. A altura da ponta da Estátua da Liberdade			
i. O número de *singles* dos Beatles que alcançou o número 1 na Billboard			
j. A probabilidade de que a causa da morte de um adulto médio nos EUA seja doença cardíaca			

Vá à página 122 para as respostas.

2 **Quantos dos seus intervalos (de 10) incluíram a resposta correta?** _____

3 **Você sente que fez um bom trabalho aplicando o teste de choque?** *SIM NÃO*

4 **Se sim, por quê?**

_____

_____

Se não, por quê?

_____

_____

5 **Em qual pergunta você teve maior certeza?**

_____

Por quê?

_____

_____

O intervalo que você definiu reflete isso?   *SIM*   *NÃO*

Esse intervalo inclui a resposta real?   *SIM*   *NÃO*

Mirando no Futuro: o Poder da Precisão

6 Em qual pergunta você teve menos certeza?

_____

Por quê?

_____

_____

O intervalo que você definiu reflete isso?	SIM	NÃO
Esse intervalo inclui a resposta real?	SIM	NÃO

SE VOCÊ É COMO A MAIORIA DAS PESSOAS, provavelmente ficou surpreso com a quantidade de vezes que seus intervalos não incluíram a resposta correta. Se você errou a resposta correta apenas uma ou duas vezes, parabéns. A maioria das pessoas que faz esse tipo de teste não acerta mais que 50%.

Isso mostra que, geralmente, estamos exagerando o nosso conhecimento ao invés de subestimá-lo. Normalmente, temos muito mais certeza de nossos palpites do que a exatidão de nossas crenças garante.

> **Da mesma forma que você experimentou como os outros interpretam os termos de probabilidade na seção 1, tente esse exercício com três amigos e veja como eles se saem. Você verá que as pessoas são muito ruins em passar no teste de choque.**

Felizmente, esse exercício e o teste de choque mostraram uma melhor abordagem a esses tipos de estimativas. É benéfico para você presumir que pode saber tanto quanto pensa que sabe, que as suas crenças podem não ser tão precisas quanto você pensa que são e que você pode precisar de mais ajuda de outras pessoas do que pensa que precisa.

Aborde a qualidade das coisas que você acha que sabe com mais ceticismo. Esse ceticismo o deixará mais disposto a questionar suas próprias crenças e mais ansioso por buscar o que as outras pessoas sabem. E isso vai melhorar a qualidade das suas decisões.

1 Use uma das árvores de decisão que você já desenvolveu neste livro e defina o seu alvo para a probabilidade de cada um dos potenciais resultados, incluindo os limites mínimo e máximo em torno de cada estimativa de alvo.

Decisão	Potenciais resultados	Probabilidade	Limite inferior	Limite superior

2 Para os resultados que tiveram os intervalos mais amplos, que informações você poderia buscar para ajudá-lo a restringir esses intervalos?

_____
_____
_____
_____

3 Para os resultados que tiveram as faixas mais estreitas, que informações você poderia buscar para ajudá-lo a descobrir se a faixa reflete um excesso de confiança de sua parte?

_____
_____
_____
_____

Mirando no Futuro: o Poder da Precisão

4 Escolha um dos resultados. Imagine que você, de alguma forma, descobriu que a probabilidade real de que esse resultado ocorra não estava contida no seu intervalo. Qual você acha que seria(m) o(s) motivo(s) para isso?

_____

_____

_____

_____

A TENDÊNCIA AO EXCESSO DE CONFIANÇA perturba a tomada de decisões.

Em geral, não questionamos o suficiente as nossas crenças. Temos muita confiança no que pensamos que sabemos e não temos uma visão realista do que não sabemos. Seja sobre as coisas que acreditamos serem verdadeiras, nossas opiniões, ou como pensamos que o futuro pode se desdobrar, todos nós poderíamos usar uma boa dose de ceticismo.

Tornar um hábito se perguntar "se eu estivesse errado, seria por quê?" lhe ajuda a abordar suas próprias crenças com mais ceticismo, disciplinando sua visão naturalmente otimista do que você sabe e ficando mais focado no que você não sabe.

Perguntar a si mesmo por que pode estar errado também aumentará a precisão das coisas em que você acredita, das opiniões que tem e como você acha que o futuro pode se desenrolar. Isso porque, ao se perguntar quais informações poderia descobrir que o fariam mudar de ideia, *você pode realmente descobrir algumas dessas coisas*. E, ao fazer e responder à essa pergunta, é mais provável que você vá procurá-la.

Mesmo quando a informação que poderia fazê-lo mudar de ideia não estiver prontamente disponível, poderá estar no futuro. Fazer o trabalho prévio de pensar sobre as coisas que podem mudar sua mente aumenta as chances de ambos estarem à procura dessas informações corretivas no futuro e de *estarem com a mente aberta para elas quando as encontrarem*.

1 Para cada uma das razões dadas na sua resposta à questão 4 do exercício anterior, pergunte se você conseguiria buscar aquela informação agora. Se sim, vá buscá-la.

2 Passar pelo processo de se perguntar por que você pode estar errado fez com que você recalibrasse algumas de suas crenças? Reflita sobre isso aqui:

_____

_____

_____

_____

[4]
Resumo

Esses exercícios foram projetados para fazê-lo pensar sobre os seguintes conceitos:

- Termos de linguagem natural que expressam probabilidades, como "muito provável" e "improvável" são instrumentos úteis, mas contundentes.

- O impulso para melhorar suas estimativas iniciais é **o que o motiva a verificar suas informações e a aprender mais**. Se você se esconde atrás da segurança de um termo geral, não há razão para melhorar ou calibrar.

- Termos que expressam probabilidades têm diferentes significados para diferentes pessoas.

- Usar **termos ambíguos** pode levar à confusão e à falta de comunicação com as pessoas que você deseja convocar para obter ajuda.

- Ser mais preciso, ao **expressar probabilidades como porcentagens**, torna mais provável que você descubra informações que podem corrigir imprecisões em suas crenças e ampliar seu conhecimento.

- Você pode usar suas respostas à pesquisa dos Mauboussins para ajudá-lo a converter termos de linguagem natural em probabilidades exatas.

- Além de fazer **estimativas precisas (na *mosca*)**, ofereça um intervalo em torno dessa estimativa para expressar sua incerteza. Faça isso incluindo **limites inferior e superior** que determinam o tamanho do seu alvo.

- O **tamanho do intervalo** sinaliza o que você sabe e o que não sabe. Quanto maior o intervalo, menos informações ou menor será a qualidade das informações que comunicam a sua estimativa e mais você precisa aprender.

- Comunicar o tamanho do intervalo também sinaliza a outros que você precisa do conhecimento e da perspectiva deles para estreitar esse intervalo.

- Use o **teste de choque** para determinar se os seus limites máximo e mínimo são razoáveis: você ficaria realmente chocado se a resposta certa estivesse fora desses limites? A sua meta deve ser fazer com que, aproximadamente, 90% de suas estimativas capturem o valor verdadeiro objetivamente.

- Desenvolva o hábito de se perguntar: "Que informações eu poderia descobrir que me diriam que minha estimativa ou crença está errada?"

CHECKLIST

Melhore suas estimativas ao mirar no futuro das seguintes formas:

☐ Faça a pesquisa dos Mauboussins sobre o significado dos termos comuns para probabilidade.

☐ Se você fica desconfortável ao fazer certas estimativas, use o termo que lhe vem à mente e o converta em uma estimativa específica, referindo-se às suas respostas da pesquisa.

☐ Além disso, faça uma estimativa-alvo, compreendendo um intervalo de limites superior e inferior razoáveis.

☐ Teste a razoabilidade dos seus limites superior e inferior com o teste de choque.

☐ Se pergunte: "Que informações eu poderia obter que me fariam mudar de ideia?"

☐ Se a informação estiver disponível, vá buscá-la.

☐ Se não, mantenha-se atento para buscá-la no futuro.

Mirando no Futuro: o Poder da Precisão

Taxado por Imprecisão

Membros de algumas comunidades reconheceram os problemas causados por usarem termos inexatos. Como resultado, eles concordam que, em suas comunicações profissionais, certos termos têm significados exatos com os quais concordam. Por exemplo, quando os advogados fornecem opiniões fiscais, uma opinião de que uma posição fiscal "será" sustentada significa uma probabilidade de 90 a 95%. Um aconselhamento fiscal escrito que diz que uma taxa "poderá ser" sustentada significa uma probabilidade de 70 a 75%. "Mais provável do que não" significa acima de 50%. "Autoridade substancial" para uma opinião significa entre 34 e 40%. "Possibilidade real" significa 33%. "Base razoável" significa entre 20 e 30%.

As opiniões fiscais, frequentemente, envolvem riscos elevados para o cliente e, também, para o advogado. Essas opiniões podem ser a base para um contribuinte assumir uma posição incerta. Os clientes precisam saber quanto risco estão correndo se a sua posição não for mantida. Assim como pode afetar se o contribuinte também é responsável por penalidades adicionais caso, em última análise, for considerado incorreto. Para o advogado que emite o parecer, existe o risco de imperícia por induzir o cliente ao erro.

Devemos nos esforçar para fazer a mesma coisa. A previsão de resultados é incerta da mesma forma que a opinião escrita de um advogado sobre a possibilidade de uma dedução em uma transação financeira complexa. Como os advogados tributários, devemos reconhecer a incerteza, garantir que qualquer outra pessoa envolvida a reconheça e enfrentá-la de frente sendo o mais preciso possível.

RESPOSTAS:

a. Você terá que pesquisar isso sozinho!

b. A senhora Streep foi indicada 21 vezes ao Oscar.

c. Prince Rogers Nelson tinha 57 anos quando morreu, em 21 de abril de 2016.

d. Os primeiros Prêmios Nobel foram entregues em 1901.

e. A NFL tem 32 equipes.

f. Há, aproximadamente, 8% de chance de uma pessoa que vive nos EUA morar em uma cidade com mais de 1 milhão de habitantes.

g. 1.865.908 pessoas votaram em Abraham Lincoln em 1860.

h. A Estátua da Liberdade tem 305 pés de altura (93 metros).

i. Os Beatles lideraram as paradas da Billboard com 20 músicas.

j. Um a cada quatro norte-americanos adultos morre de doenças cardíacas, ou 25%.

6
Mudando as Decisões de Fora para Dentro

[1]
Relacionamento Chernobyl

Você tem uma amiga próxima, de longa data, que o considera a pessoa certa para relatar seus problemas de relacionamento. Seja conhecendo pessoas por meio de encontros online, grupos de solteiros ou encontros aleatórios, todos com quem ela se relaciona parecem ser esquisitos ou idiotas. Você perdeu a noção das horas que já passou ouvindo sua amiga lamentando a má sorte.

Nas raras ocasiões em que a sua amiga declara: "Milagre, encontrei a última pessoa normal no planeta", o relacionamento inevitavelmente acaba de forma prolongada e confusa. "Ele acabou sendo um dos piores de todos os tempos. Ele era bom em esconder isso, como um camaleão."

A próxima vez que você a encontra, ela conta a última e longa história do relacionamento.

"Você se lembra do Jordan, que ia para o Meio Oeste e achou melhor nos separarmos? Toma esta: era mentira. Ontem, o vi comprando meias na Target."

"Desisti de namorar", diz ela, pela enésima vez. "Em vez disso, vou procurar um exorcista, porque devo estar amaldiçoada."

Marque qualquer dos itens abaixo que você provavelmente estaria pensando durante essa conversa (mas não necessariamente dizendo em voz alta):

"Acho que você está escolhendo idiotas."

"Sua sorte está fadada a mudar. Sei que você vai conhecer a pessoa certa."

"Existe algo na sua forma de levar uma relação que desperta o lado mais estúpido dos seus parceiros?"

"Nossa, você tem o maior azar em relacionamentos!"

"Será que você está aprendendo alguma coisa com tudo isso?"

"Existe algo em você que atrai pessoas que acabam sendo idiotas?"

1 Marque qualquer dos itens a seguir que, provavelmente, você diria em voz alta à sua amiga:

"Acho que você está escolhendo idiotas."

"Sua sorte está fadada a mudar. Sei que você vai conhecer a pessoa certa."

"Existe algo na sua forma de levar uma relação que desperta o lado mais estúpido dos seus parceiros?"

"Nossa, você tem o maior azar em relacionamentos!"

"Será que você está aprendendo alguma coisa com tudo isso?"

"Existe algo em você que atrai pessoas que acabam sendo idiotas?"

2 Se os itens que você marcou que diria em voz alta para a sua amiga são diferentes dos que você pensou durante a conversa, por que você acha isso?

___

___

___

3 No geral, você é melhor em resolver os problemas dos outros do que é com os seus?   SIM   NÃO

Se você respondeu que sim, por que você acha isso?

___

___

___

SE VOCÊ É COMO A MAIORIA DAS PESSOAS, provavelmente estava pensando que não é apenas azar sua amiga ter namorado uma série de idiotas. A maioria das pessoas percebe que, se alguém tem um padrão nas pessoas com quem se relaciona (ou os empregos que consegue, como se relaciona com os amigos, como está sempre no trânsito que o atrasa para o trabalho etc.), esse padrão, provavelmente, não é falta de sorte, uma estranha coincidência ou uma maldição de verdade.

Você pode enxergar o que a sua amiga parece incapaz de ver, que provavelmente há algo sobre a abordagem dela para namorar que está atraindo uma série de idiotas. Se a sua amiga pudesse perceber isso, seria capaz de fazer algo a respeito.

Como observador de fora, você pode ver isso claramente, quando está na posição de "amigo". Mas sua visão fica turva quando você está do lado de dentro, e o problema é seu. O que você pode ver tão claramente nos outros é difícil de ver em si mesmo. É, por isso, que a maioria se sente melhor resolvendo o problema dos outros do que os próprios.

A sua perspectiva não é tão boa quando você está no meio disso.

(Quanto a saber se você *diria* à sua amiga que ela não foi necessariamente vítima 100% inocente da má sorte, voltaremos a isso perto do fim deste capítulo.)

Mudando as Decisões de Fora para Dentro

[2]
Visão Interna x Visão Externa

O que está claro (bola de cristal) agora é que suas crenças criam um gargalo para uma boa tomada de decisão. Não importa o quão boa seja a qualidade do seu processo de decisão se a entrada nesse processo for lixo.

Essa entrada são as suas crenças, e há muito lixo nelas.

O teste de choque mostrou que somos péssimos em perceber o que não sabemos. Somos péssimos em perceber quando as nossas crenças são imprecisas. Temos muita confiança no que pensamos que sabemos.

Uma razão para essas fraquezas é o fato de ser muito difícil para a gente ver o mundo de fora da nossa própria perspectiva.

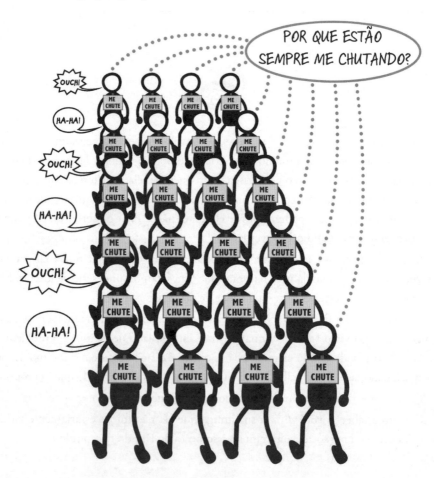

É como se você tivesse um cartaz de "me chute" colado nas costas quando se trata de identificar imprecisões no que sabe e acredita. Você não pode ver o cartaz, porque seus olhos podem ver apenas o que está à sua frente. Não importa o quão rápido você vire, simplesmente não consegue ver o que está atrás. Alguém continua chutando, está ficando irritante, e você não consegue descobrir o porquê, mesmo que possa ver claramente os cartazes de "me chute" em todos os outros.

Visão interna

Naturalmente, vemos o mundo através das lentes de nossas circunstâncias específicas, de dentro de nossas próprias crenças e experiências que são particulares a cada um. É difícil para qualquer um sair da própria cabeça para entender como alguém mais veria a situação.

E como poderia ser de outra forma? Você tem apenas as experiências que viveu. Você só foi exposto às informações as quais foi exposto. Você só viveu a vida que viveu.

Você *não* é outra pessoa. Você é você.

Você está preso à *visão interna* e isso torna difícil ver suas próprias crenças, opiniões e experiências de forma objetiva. É difícil ver aquele sinal de "me chute" nas costas.

> **VISÃO INTERNA**
>
> **A visão do mundo de dentro das suas próprias perspectivas, experiências e crenças.**

O resultado é um bom exemplo do problema da visão interna. Os resultados *que você observa* lançam uma sombra sobre a sua capacidade de ver esses resultados no contexto de todas as coisas que objetivamente poderiam ter acontecido. Isso afeta a qualidade das lições que você aprendeu. Se você tivesse um resultado diferente, poderia aprender uma lição diferente. Se você experimentasse um resultado diferente, avaliaria a qualidade da decisão que precedeu o resultado de forma diferente.

A sorte no modo como o futuro se revelará *para você* desempenha um papel desproporcional. Pouco importa quão objetivamente provável ou improvável seja um resultado. O que mais importa é que você já tenha experimentado isso.

Aqui estão alguns vieses cognitivos comumente conhecidos que também são, em parte, problemas de visão interna:

- *Viés de confirmação* — nossa tendência a reparar, interpretar e buscar informações que confirmem ou fortaleçam nossas crenças existentes.

- *Viés de desconfirmação* — o irmão do viés de confirmação. Nossa tendência a aplicar um padrão mais elevado e crítico às informações que contradizem nossas crenças do que às informações que as confirmam.

Mudando as Decisões de Fora para Dentro (127)

- *Superconfiança* — superestimar nossas habilidades, intelecto ou talento, interferindo na nossa capacidade de tomar decisões dependendo de tais estimativas.

- *Viés de disponibilidade* — a tendência a superestimar a frequência dos eventos que são fáceis de lembrar, porque são vívidos ou porque os experimentamos muito.

- *Viés de recência* — acreditar que eventos recentes são mais plausíveis de ocorrer do que realmente são.

- *Ilusão do controle* — superestimar a nossa capacidade de controlar eventos. Em outras palavras, subestimar a influência da sorte.

Você pode ver como, em parte, todos esses vieses são produtos da visão interna.

O viés de confirmação significa que você percebe e busca informações que estejam de acordo com o que *você já acredita.*

O viés de desconfirmação significa que você aplica um padrão mais alto ao avaliar informações que contradizem as *suas crenças.* Você pergunta "Isso *poderia* ser verdade?" sobre a informação que concorda com o que você já acredita, mas pergunta "Isso *precisa* ser verdade?" a respeito da informação que discorda de você.

O viés de disponibilidade significa que eventos fáceis de lembrar distorcem *suas* estimativas de probabilidade.

Os outros vieses, similarmente, são sempre você dando peso desproporcional às suas experiências e crenças.

Visão externa

Naturalmente, tomamos decisões de dentro de nossa própria perspectiva. Diversas vezes, no entanto, o mundo parece muito diferente visto de fora. Todos nós já passamos por isso quando estamos com alguém que está lutando contra a sua perspectiva distorcida e incapaz de reconhecê-la. É como a amiga que não consegue reconhecer a sua própria parte nas desastrosas histórias de namoro e pensa que a melhor solução para seu último problema de relacionamento é procurar um exorcista.

Você sabe que pode ver a situação deles com precisão, enquanto eles não têm noção. Você pode ver o cartaz de "me chute" nas costas *deles.*

Aposto que muitos exemplos vêm à mente de interações que você teve com alguém que está preso na visão interna. Se esses exemplos fluem tão facilmente, é lógico que você também está fazendo isso.

Parte de por que é tão mais fácil ver objetivamente as outras pessoas do que você mesmo é que você está motivado a proteger suas próprias crenças quando se trata de racionar sua própria situação. Suas crenças formam o tecido da sua identidade. Descobrir que você está errado sobre algo, questionar suas crenças ou admitir que um resultado ruim ocorreu por causa de uma decisão ruim que você tomou e não por causa da má sorte — tudo isso tem o potencial de rasgar aquele tecido.

Todos somos motivados a manter o tecido intacto. Quando se trata de seu próprio raciocínio, suas crenças acabam no banco do motorista, conduzindo-o em direção a uma narrativa que protege a sua identidade e a sua autonarrativa. (Eu não sou idiota! Eles que são!)

Você não está motivado da mesma forma ao raciocinar sobre os problemas de outras pessoas, pois não conhece as crenças delas da mesma forma que conhece as suas próprias.

> **VISÃO EXTERNA**
>
> **O que é verdade para o mundo independentemente da sua própria perspectiva. A forma como os outros veriam a situação em que você se encontra.**

O que você provavelmente percebeu agora é que, para melhorar a visão interna, é preciso se abrir o máximo possível às perspectivas de outras pessoas e para o que é verdadeiro no mundo em geral, independentemente das suas próprias experiências, pois é onde as informações corretas estão.

Isso é a ***visão externa***.

Sua intuição serve ao prazer da visão interna, e seu instinto também. A intuição e o instinto são infectados pelo que você *deseja* que seja verdade.

A visão externa é o antídoto para essa infecção.

O valor de obter as perspectivas de outras pessoas não é apenas que elas conheçam fatos que você não conhece e que podem ser úteis para você. Não é apenas que elas possam corrigir imprecisões nos fatos que você acha que conhece. *É que, mesmo se elas tivessem exatamente os mesmos fatos que você, poderiam ver esses fatos de forma diferente.* Elas podem chegar a uma conclusão muito diferente, dadas as mesmas informações.

Assim como quando você e a sua amiga têm os mesmos fatos sobre a história do namoro, mas você vê a situação sob uma luz diferente.

Permitir que essas perspectivas colidam, ao adotar maneiras pelas quais as pessoas vejam as coisas de forma diferente, o levará mais perto do que é objetivamente verdadeiro. E, quanto mais perto você chegar do que é objetivamente verdadeiro, menos lixo você colocará no seu processo de decisão.

Mudando as Decisões de Fora para Dentro 129

É mais provável que você perceba aquele cartaz de "me chute" a partir de uma visão externa.

Quando nos aproximamos de uma decisão, já começamos a formar uma opinião sobre qual é a opção certa. Normalmente, nem sabemos que já formamos uma opinião, no entanto, ela pode acabar no banco do motorista, direcionando nossos processos de decisão.

Isso expõe o maior problema na lista de prós e contras: assim como sua intuição e seu instinto, ela também atende ao prazer da visão interna, levando você à decisão que deseja tomar em vez da decisão que é objetivamente melhor.

Quer rejeitar uma opção? Você se concentrará no lado negativo da lista, expandindo esse lado da comparação. Quer avançar com uma opção? Você vai se concentrar em expandir o lado positivo da lista, à medida que os contras se escondem nas sombras.

Uma lista de prós e contra é gerada inteiramente a partir de suas perspectivas, é ausente da visão externa e facilmente infectada pelo raciocínio de uma forma que é motivada para apoiar uma conclusão à qual você deseja chegar. Na verdade, se você quisesse criar uma ferramenta de decisão para *amplificar* o viés, seria uma lista de prós e contras.

[3]
Como Ser o Convidado Menos Popular em um Casamento

Aqui está uma boa forma de se pensar nas visões interna e externa:

Você está em um casamento, na fila de recepção esperando sua vez para a primeira interação com os recém-casados.

Quando chega a sua vez, você sente que os noivos já receberam sua cota de lágrimas de alegria, beijos, os melhores desejos e conselhos inspiradores e/ou sábios e/ou bíblicos. Em vez de dar a eles mais disso, você vai direto ao ponto e pergunta: "Quais as chances do seu casamento terminar em divórcio?"

(Para ser claro, não estou sugerindo de forma alguma que você tente isso. Mas torna-se um experimento de pensamento vívido, embora um tanto cínico.)

Seria de se supor que a maioria dos casais responderia algo em torno de 0% de chances. "Somos especiais. Nos casamos por todos os motivos certos. Este é o verdadeiro amor. O nosso amor durará para sempre."

Essa é a visão interna.

Mais ou menos nessa hora, alguém esbarra em você por trás. É o pai da noiva, que ouviu a sua pergunta e não achou graça. Ele pede que você saia.

Para matar o tempo, você vai a outra recepção de casamento que está acontecendo no mesmo hotel e, acidentalmente, entra na fila para cumprimentar os noivos.

Sem conversa fiada, você jura não repetir o mesmo erro que acabou de cometer. Você elogia o casal pela recepção maravilhosa, dizendo, "Dei uma olhada rápida na festa do fim do corredor e nem se compara a esta. A propósito, quais as chances *do casamento deles* terminar em divórcio?"

Provavelmente, sua resposta estará entre 40% e 50%, porque é isso que acontece com os casais em geral. Eles certamente não dirão dos estranhos no salão de baile ao lado: "Eles são especiais. Eles se casaram pelos motivos certos. Seu verdadeiro amor durará para sempre."

Essa é a visão externa.

Mudando as Decisões de Fora para Dentro

1 Descreva uma situação passada em que um amigo, membro da família ou alguém em situação de trabalho foi pego em uma visão interna:

_____
_____
_____
_____

2 Você os deixou saber?   SIM   NÃO

3 Por que sim ou por que não?

_____
_____
_____

4 Descreva uma situação passada na qual você sentiu que foi pego na visão interna:

_____
_____
_____
_____

5 De que forma ser pego na visão interna afetou negativamente a sua tomada de decisão?

_____
_____
_____
_____
_____

6 Reserve algum tempo nos próximos dias para ouvir as pessoas que estão presas na visão interna. Observe alguns exemplos e sua impressão geral com base em passar algum tempo ouvindo a prevalência e a influência da visão interna.

_____

_____

_____

_____

_____

_____

_____

_____

_____

_____

_____

Mudando as Decisões de Fora para Dentro (133)

[4]
Um Casamento Verdadeiramente Feliz:
a união das visões interna e externa

- Mais de 90% dos professores se classificam como professores acima da média.
- Em torno de 90% dos norte-americanos classificam suas habilidades como motoristas acima da média.
- Somente 1% dos estudantes acha que suas habilidades sociais estão abaixo da média.

Obviamente, é impossível para mais de 90% da população ser melhor do que a média em alguma coisa. No entanto, embora saibamos que metade da população deve estar, por definição, abaixo da média (a visão externa), parece que raramente pensamos que poderíamos fazer parte dessa metade (a visão interna).

Esse fenômeno é chamado efeito acima da média.

Aqui está o problema: se você não tem uma visão clara do nível da sua habilidade, pode tomar algumas decisões muito ruins. Como enviar mensagens de texto enquanto dirige, porque você se acha um multitarefa melhor do que a média.

Claro, você certamente é melhor do que a média em muitas coisas. Você não pode, no entanto, ser melhor que a média em *tudo*.

A precisão vive na interseção das visões externa e interna

A questão é que é muito difícil, porque você está vivendo dentro da sua própria experiência sem acesso a uma enquete com toda a população, saber em quais coisas você é melhor do que a média e em quais não é.

Por isso, obter uma visão externa seria muito útil.

Se você tivesse uma bola de cristal que lhe desse um conhecimento perfeito do mundo, saberia exatamente onde está sentado em relação à distribuição da população para qualquer habilidade em particular. Você saberia, por exemplo, que estava no 75º percentil em habilidades de direção ou no 50º percentil em habilidades sociais, ou no 25º percentil em habilidades de ensino.

Tendemos a confiar na visão interna, em nossa própria experiência e perspectiva, para esses julgamentos. "Jamais me envolvi em um acidente em 20 anos, então é lógico que sou um motorista acima da média." Ou: "Meus amigos parecem gostar de mim e nós nos damos bem, então eu devo estar acima da média em habilidades sociais." Ou ainda: "Meus alunos parecem gostar de mim e eu realmente gosto de ensinar, então devo estar no topo das habilidades de ensino."

Como Decidir

A visão externa disciplina as distorções que vivem na visão interna. É por esse motivo que é importante começar com a visão externa e ancorar lá, considerando coisas como o que é verdade no mundo em geral ou a forma como a outra pessoa veria a sua situação.

ONDE FICA A PRECISÃO

Assim como em qualquer casamento, uma união de sucesso entre as visões externa e interna dá trabalho. Isso porque suas crenças formam o tecido da sua identidade, e muito da maneira como você pensa sobre o mundo é motivado pelo desejo de manter esse tecido intacto. Por isso, é muito difícil incorporar a visão externa — especialmente quando ela ameaça fazer um buraco no tecido.

É por isso que 50% dos casamentos acabarão em divórcio, mas apenas 5% dos casais têm acordos pré-nupciais.

O que é verdadeiro sobre casamentos em geral é difícil de incorporar em sua tomada de decisões, porque entra em conflito com o que você quer que seja verdade, que seu amor é melhor do que a média. É incômodo pensar na possibilidade de fracasso, mas vale a pena viver com esse desconforto porque você estará mais bem-preparado se as coisas não correrem de acordo com o seu ideal.

Casar as visões de fora e de dentro dá a você uma visão mais clara de si mesmo, de como você acabou onde está e do que o futuro lhe reserva. Isso vai melhorar a qualidade do que você aprende com o passado e a qualidade das suas decisões daqui em diante.

Ser inteligente torna tudo pior

Aqui está a boa notícia: agora você sabe como a visão interna pode desviar sua tomada de decisão. Aqui está mais uma boa notícia: eu acho que, se pegou este livro, você é inteligente.

Agora, a má notícia: ser inteligente não o torna menos suscetível à visão interna. No mínimo, torna tudo pior. Isso prende suas crenças ao assento do motorista com mais firmeza.

Pesquisas em uma variedade de ambientes mostraram que ser inteligente o torna melhor no *raciocínio motivado*, a tendência a raciocinar sobre informações para confirmar suas crenças anteriores e chegar à conclusão que deseja. E, só para ficar claro, nesse caso, "melhor" não é uma coisa boa.

- Se você está interpretando dados sobre um assunto politicamente carregado, como controle de armas, todos são mais propensos a interpretar dados que contradizem suas crenças anteriores como realmente apoiando sua visão. Mas, contraintuitivamente, ser melhor na interpretação precisa dos dados em geral (sobre tópicos não polarizantes) não o protege de interpretar os dados erroneamente para se adequar às suas crenças anteriores sobre um tópico político. Na verdade, torna mais provável que você faça isso.

- Quando se trata dos nossos próprios vieses, todos temos um ponto cego. Não podemos ver quando o nosso raciocínio é tendencioso da mesma forma que podemos ver isso nos outros. O que faz parte da visão interna. Ser inteligente não o protege do seu ponto cego, na verdade, torna tudo pior.

- Se você está tentando resolver problemas de lógica sobre assuntos que envolvem suas crenças políticas, todos provavelmente chegarão a uma conclusão consistente com suas crenças quando a resposta correta discordar dessas crenças. Mas, se você tiver experiência ou treinamento anterior em lógica, é mais provável que cometa um erro.

Se você parar para pensar, faz muito sentido. Pessoas inteligentes costumam ter mais consideração por suas crenças e opiniões. Elas são menos propensas a pensar que as coisas que sabem precisam de correção. Elas têm mais confiança no que a sua intuição ou instinto lhes diz. *Afinal, elas são realmente inteligentes.* Por que não teriam maior confiança nessas coisas? Quando você é inteligente, é naturalmente menos cético sobre as coisas que acredita serem verdadeiras.

Pessoas inteligentes também são boas em construir argumentos convincentes que deem suporte às suas visões e reforçam as coisas que elas acreditam ser verdade. Pessoas inteligentes são melhores em narrativas que convencem outras pessoas de que elas estão certas, não a serviço de enganar essas pessoas, mas a serviço de evitar que o tecido de sua própria identidade se rasgue.

A combinação de raciocínio motivado com a propensão de enganar e um excesso de confiança na intuição torna as pessoas inteligentes menos propensas a buscar feedback. E sua capacidade de criar uma narrativa persuasiva torna as outras pessoas menos propensas a desafiá-las.

Isso significa que, quanto mais inteligente você for, mais vigilante terá de estar para obter a visão externa.

> **A pessoa que você provavelmente enganará é você mesmo. E você não sabe que está fazendo isso, porque está vivendo na visão interna.**

Taxas básicas: uma maneira fácil de obter visão externa

Uma forma de conseguir a visão externa é criar o hábito, como parte do seu processo de decisão, de se perguntar o que é verdade no mundo em geral, independentemente do ponto de vista de qualquer pessoa.

Uma maneira útil de se ter uma ideia do que é verdade no mundo em geral é descobrir se há informações disponíveis sobre a probabilidade de resultados diferentes em situações semelhantes à sua.

Essa informação é chamada de *taxa básica*.

Há muitos lugares para fazer pesquisas, estudos e estatísticas sobre relacionamentos, saúde, investimentos, negócios, educação, emprego e consumo que, provavelmente, seriam relevantes para qualquer tipo de decisão que você possa tomar. Na verdade, já mencionamos várias taxas básicas neste livro. Aqui estão apenas algumas delas:

- A taxa de divórcio nos EUA é entre 40% e 50% para o primeiro casamento.
- A probabilidade da causa da morte de um norte-americano adulto ser doença cardíaca é de 25%.
- 8% da população norte-americana vive em uma cidade com mais de 1 milhão de habitantes.

Mudando as Decisões de Fora para Dentro

Aqui estão alguns outros exemplos de taxas básicas:

- A probabilidade de um graduado do ensino médio frequentar a faculdade sem tirar nenhuma folga é de 63.1%.
- 60% dos novos restaurantes fecham as portas em 1 ano.

A taxa básica apresenta um ponto para começar quando você está tentando avaliar a probabilidade de qualquer resultado (ou os limites superior e inferior). Não é que a sua estimativa deva sempre ser idêntica à taxa básica. Como já deve estar claro, os detalhes de sua situação, e a visão interna, são importantes. Mas, se você está pensando em abrir um restaurante e estima a probabilidade de sucesso em 90%, saber que somente 40% dos novos restaurantes passam do primeiro ano vai ajudar a disciplinar seu excesso de confiança.

> **TAXA BÁSICA**
> A probabilidade de algo acontecer em situações semelhantes àquela que você está considerando.

Seja qual for a sua previsão do futuro, ela precisa estar na órbita da taxa básica. Uma taxa básica fornece um centro de gravidade.

1 Volte às estimativas que você fez sobre se tornar membro da academia Sensações de Suor no Capítulo 4. Agora, tire um momento para ver as seguintes taxas básicas e escreva suas respostas aqui:

Qual é a porcentagem de pessoas que ingressam em uma academia e desistem nos primeiros seis meses? ____%

Qual é a porcentagem de matrículas em academia que não são utilizadas? ____%

Qual é a porcentagem de membros que vão à academia uma vez na semana ou menos? ____%

Se houver algo mais que você encontrou em alguns minutos de pesquisa online, e que seja relevante para a probabilidade de que entrar em uma academia fará com que alguém se exercite regularmente, escreva aqui:

_____

_____

_____

2 Voltando à árvore com a informação da taxa básica em mente, essa informação mudou alguma das suas estimativas? Se sim, explique por quê.

___

___

___

AQUI ESTÃO ALGUNS EXEMPLOS das informações disponíveis sobre taxas básicas relacionadas à inscrição em academias:

Zachary Crockett, do TheHustle.co, citou em janeiro de 2019 uma pesquisa do Statistic Brain Research Institute que descobriu que 82% dos membros vão à academia uma vez na semana ou menos. Desses 82% dos membros que vão à academia uma vez por semana ou menos, 77% dessas matrículas não foram utilizadas.

Oitenta por cento dos membros que se matricularam em janeiro — notadamente o pessoal da resolução de ano novo — desiste em cinco meses (de acordo com o CouponCabin). Metade dos novos membros de uma academia deixam de ir em seis meses, de acordo com a associação comercial global da indústria de *fitness*, a International Health, Racquet & Sportsclub Association (IHRSA).

Enquanto você está pensando sobre as ordens do seu médico e imaginando que há 90% de chance de você ir à academia 3 vezes na semana, aquelas estatísticas sugerem fortemente que você deve ajustar sua previsão. Não importa quanta motivação você pensa ter, seria raro que a probabilidade de você continuar com ela estivesse tão longe da taxa básica.

Educar-se sobre o que é verdade, para a maioria das pessoas em sua situação, lhe dará um vislumbre da visão externa que melhorará sua capacidade de comparar ações (como comprar equipamentos para casa, ingressar em uma academia ou fazer qualquer outra coisa).

Quando você descobrir que está planejando fazer algo que as taxas básicas dizem ser difícil, uma visão realista do que o futuro pode lhe reservar irá encorajá-lo a identificar os obstáculos que se interpõem no caminho para a maioria das pessoas. Esse aviso prévio dá a você a oportunidade de desenvolver maneiras de evitar ou de superar esses obstáculos para que você possa aumentar suas chances de sucesso.

Outro caminho para a visão externa: descubra ativamente o que outras pessoas sabem

Parafraseando a personagem de Tennessee Williams, Blanche DuBois, todos nós temos que depender da gentileza de estranhos. Quando se trata de visão externa, não faltam estranhos para nos ajudar, mas eles estão confusos sobre o que significa ser gentil.

Já aconteceu isso com você?

Alguém diz que você está com um considerável pedaço de espinafre entre os dentes. Quando eles chamam a sua atenção, começam se desculpando por dizer alguma coisa. É claro que eles estão envergonhados e relutantes em lhe contar, porque acham que você ficará envergonhado com a notícia.

Enquanto você agradece e remove o espinafre, faz uma busca mental. "Quando eu comi esse espinafre?" Você percebe que já faz algum tempo que um monte de gente deve ter notado o espinafre e não falou nada.

Você está ofendido por alguém não ter lhe contado antes. Geralmente, não é que essas pessoas estejam tentando ser rudes, deixando você sofrer o constrangimento de ter uma tarde de sorriso verde. É que *elas estão tentando ser gentis* poupando você do constrangimento de ouvir que tem espinafre no dente.

É constrangedor quando alguém diz que você tem algo preso nos dentes. Mais ainda quando aquilo está no seu dente porque ninguém contou antes. Ao "serem gentis", e mantendo o que eles veem de você, inadvertidamente negam a você a chance de tirar o espinafre dos seus dentes.

Acontece o mesmo com a tomada de decisões.

É por isso que, no primeiro exercício, a maioria das pessoas responde que as coisas que estão pensando são diferentes daquelas que diriam em voz alta para a amiga que sempre tem uma história de namoro ruim para contar.

> **Seja grato quando as pessoas discordarem de você de boa-fé, porque elas estão sendo gentis quando o fazem.**

Você tenta não ferir os sentimentos da sua amiga; tenta ser gentil. Mas, ao fazer isso, você está negando a ela informações valiosas que poderiam melhorar a qualidade de suas futuras decisões de namoro. Ao ser gentil com a sua amiga no agora, você está sendo cruel com as versões dela no futuro, que terão de tomar novas decisões sobre namoro.

Quando você olha para isso dessa forma, percebe que esconder sua perspectiva é pior para sua amiga. Da mesma maneira, o maior dano para você é se proteger da discordância porque se sente mal no momento. Isso pode evitar um rasgo temporário no

Como Decidir

tecido da sua identidade, mas descobrir que desacordo tem o poder de melhorar todas as suas decisões futuras, fortalecendo o tecido a longo prazo.

Apenas pedir conselhos ou feedback não é o suficiente para garantir que você tenha uma visão externa, porque a maioria das pessoas reluta em discordar, por medo de serem antipáticas, de constrangê-lo ao desafiar suas crenças ou por oferecerem uma perspectiva que possa colocá-lo sob uma luz nada lisonjeira. Pior, todos nós gostamos de ouvir a visão interna repetida de volta para nós e procuramos pessoas que talvez vejam o mundo da mesma forma que nós o fazemos.

É por isso que, naturalmente, acabamos em câmaras de eco. A visão interna é especialmente boa quando é vendida como a visão externa, sob o disfarce de alguém que supostamente oferece uma perspectiva objetiva que apenas confirma o que você acredita. Mas isso só serve para ampliar a visão de dentro, fortalecendo sua visão de mundo porque se sente certificado por outros.

Muitas das estratégias deste livro foram direcionadas para evitar o eco de suas próprias crenças, maximizando as chances de você descobrir informações corretivas e perspectivas únicas. Quanto mais você puder interagir com o mundo de uma forma que convide as pessoas à sua volta a mostrarem a visão externa, mais preciso o seu modelo de mundo será.

Procure a visão externa com a mente aberta. É mais provável que você descubra sobre o sinal de "me chute" nas suas costas, o espinafre em seus dentes e todas as coisas que você está tendo problemas para ver de sua perspectiva. Isso o ajudará a tirar o lixo, o que melhorará suas decisões.

1 **Pense sobre um problema que você tem enfrentado. (Talvez até o problema que o motivou a escolher este livro.)**

Pode ser retrospectivo, como por que nenhum dos seus relacionamentos deu certo ou por que você continua se desentendendo com os colegas de trabalho. Ou pode ser prospectivo, como para qual faculdade você deve se candidatar, a melhor forma de encontrar o amor da sua vida, se você deve mudar de emprego, ou que tipo de abordagem você deve ter para resolver um problema de vendas em particular.

Agora, reserve certo tempo para fazer alguns RASTREAMENTOS DE PERSPECTIVA.

A seguir, há duas colunas. Use o espaço na coluna VISÃO EXTERNA para descrever sua situação da melhor maneira possível, do ponto de vista externo. Use a coluna VISÃO INTERNA para descrever a situação do ponto de vista interno.

Mudando as Decisões de Fora para Dentro

Repare que na ferramenta do Rastreamento de Perspectiva, você começa com a visão externa e, *então,* vai para a visão interna. Começar com a visão externa lhe fornece a melhor oportunidade para se ancorar no que é verdadeiro no mundo em geral ou como outras pessoas podem ver a sua situação, em vez de se ancorar fortemente em sua própria perspectiva.

Aqui estão duas táticas que você pode tentar obter para a visão externa:

(1) Pergunte a si mesmo se um colega de trabalho, amigo ou membro da família tivesse esse problema, como você veria o problema deles? Como a sua perspectiva pode ser diferente da deles? Que conselho você pode dar a eles? Que tipo de solução você ofereceria?

(2) Pergunte a si mesmo se há alguma informação ou taxa básica relevante que você possa encontrar sobre o que é verdade para as pessoas em sua situação em geral.

RASTREAMENTO DE PERSPECTIVA

VISÃO EXTERNA

VISÃO INTERNA

2 Use o espaço abaixo para juntar as duas narrativas. Descreva o que você acha que é uma interseção precisa das duas visualizações:

_____

_____

_____

_____

_____

_____

_____

_____

3 Este exercício mudou a forma como você vê sua situação?   *SIM   NÃO*

Se sim, por quê?

_____

_____

_____

_____

Assim como o Rastreador de Conhecimento o faz pensar no que você conhece e no que não conhece, ele também o motiva a descobrir mais e fornece um registro de suas crenças no momento de sua decisão, criando responsabilidade e evitando o deslocamento de memória. O *Rastreador de Perspectiva* tem muitos dos mesmos benefícios.

Incorporar o hábito do Rastreador de Perspectiva em seu processo decisório ajuda a tirar suas crenças do assento do motorista. Ajuda você a ver seus sentimentos viscerais com mais ceticismo. O Rastreador de Perspectiva o força a considerar a visão externa. E, para considerar a visão externa, você deve procurar: como as outras pessoas podem ver a decisão e o que é verdadeiro para o mundo em geral.

Se você está tentando estimar a chance de uma decisão funcionar de maneira favorável ou desfavorável, ou pensando sobre os resultados possíveis de uma escolha, ou os benefícios potenciais, reservando um tempo para explorar a visão externa e, separadamente, a visão interna, isso o levará a algum lugar com mais precisão.

Mudando as Decisões de Fora para Dentro   143

Criar o hábito de registrar em um diário as visões externa e interna o ajudará a obter um melhor feedback sobre como você pensou a respeito da sua decisão. Conforme o futuro se desenrola, o que inevitavelmente muda a sua perspectiva, você terá um registro de como viu a situação no momento, criando um ciclo de feedback de maior qualidade e adicionando uma camada de responsabilidade ao seu processo.

Rastreador de Perspectiva: outra ferramenta para abordar o paradoxo da experiência

Caso você tenha perdido uma promoção, não cumprido suas metas de vendas ou namorado uma série de idiotas, o Rastreador de Perspectiva o ajudará a responder com mais precisão por que isso aconteceu. E uma resposta precisa vai melhorar as decisões que você toma para resolver a situação daqui para a frente.

Quando se trata de coisas ruins, a visão interna tende a levá-lo a culpar a sorte, e não a sua própria tomada de decisão. Afinal, a sorte é a saída de emergência mais fácil para manter intacta a sua autonarrativa. Mas identificar a sorte como a principal culpada pela sua situação não o ajudará muito a lidar com a situação.

Se a sorte for a culpada, sua tomada de decisão estará fora da sua responsabilidade. Se a sorte for a culpada, o resultado estava fora de seu controle. Isso significa que não há nada a ser aprendido, exceto que o mundo está cheio de idiotas e você tem o azar de continuar encontrando-os.

Quando se trata de coisas ruins, a visão externa tende a ver a habilidade com mais clareza, as maneiras pelas quais a tomada de decisão o levou até onde você está. Você não pode mudar a sorte; só pode mudar as suas decisões. A visão externa permite que você se concentre no que pode mudar.

São coisas boas, também

Quando se trata de coisas boas, você inverte o argumento.

Caso você tenha conseguido o emprego dos sonhos, ultrapassado em muito as metas de venda ou apenas conhecido o amor da sua vida, a visão interna o levará a creditar sua própria tomada de decisão e a minimizar o papel da sorte. Embora isso certamente ajude a sua autonarrativa, pode levá-lo a pensar que o sucesso que você teve é mais confiável e reproduzível do que ele realmente é.

Se você quiser diminuir as chances de sucesso contínuo, viver na visão interna — exagerando na habilidade e subestimando a sorte na forma como as coisas acabam — é uma boa estratégia para fazer isso. A visão externa coloca a sorte mais em foco. Por isso, o Rastreador de Perspectiva é tão fundamental quando se trata de sucesso.

Como Decidir

Não troque o futuro pelo presente

Quando se trata de sucesso ou fracasso, pode ser doloroso explorar a visão externa, especialmente quando a visão interna é tão agradável. Mas o desconforto vale a pena. Você pode escolher afastar a habilidade de seus resultados ruins e a sorte dos bons para manter a estrutura de sua identidade intacta no momento. Ou você pode escolher abraçar a visão externa e fortalecer esse tecido para que a entrada nas decisões que você tomar no futuro contenha menos lixo.

Essa é a troca que você deve fazer.

[5]
Resumo

Esses exercícios foram feitos para fazer você pensar sobre os seguintes conceitos:

- A **visão interna** é a visão do mundo por meio de suas próprias perspectivas, crenças e experiências.
- Muitos vieses cognitivos comuns são, em parte, produto da visão interna.
- Listas de prós e contras amplificam a visão interna.
- A **visão externa** é a maneira como os outros podem ver a sua situação, ou o que é verdade no mundo em geral independentemente da sua própria perspectiva.
- É importante explorar a visão externa mesmo se você achar que entendeu bem os fatos, porque é possível que outras pessoas possam olhar para os mesmos fatos e chegar a conclusões diferentes.
- A visão externa age para disciplinar os vieses e as imprecisões que vivem na visão interna e é por isso que você deseja se ancorar primeiro na visão externa.
- A precisão vive na interseção entre as visões interna e externa. As coisas que são particulares à sua situação são importantes, mas essas particularidades devem ser combinadas com as coisas que são verdadeiras no mundo em geral.
- Quando se trata de raciocinar sobre o mundo, suas crenças estão no assento do motorista.
- O **raciocínio motivado** é a tendência a processar informações para chegar a uma conclusão que desejamos, em vez de descobrir o que é verdadeiro.
- Pessoas inteligentes não são imunes ao raciocínio motivado e à visão interna. Na verdade, ser inteligente pode piorar as coisas porque pessoas inteligentes têm

mais confiança na verdade de suas crenças e podem criar narrativas melhores para influenciar outras pessoas (e a si mesmas) em relação a seus pontos de vista.

- Uma boa forma de conseguir uma visão externa é procurar quaisquer **taxas básicas** que possam se aplicar à sua situação.

- Outra forma de conseguir uma visão externa é buscar as perspectivas e o feedback de outras pessoas. É importante, no entanto, que elas se sintam confortáveis ao expressarem sua discordância ou uma perspectiva que pode colocá--lo sob uma luz nada lisonjeira. Caso contrário, eles estão apenas ampliando a visão interna, fortalecendo sua crença em sua precisão porque ela parece certificada por outros. Você deve estar ansioso para ouvir as pessoas discordarem de você e motivá-las a fazê-lo.

- O **Rastreador de Perspectiva** é um bom hábito decisório a se desenvolver. Considerar intencionalmente a sua situação inteiramente do ponto de vista externo e, em seguida, inteiramente do ponto de vista interno pode levá-lo a uma visão mais precisa que incorpora ambos.

CHECKLIST

☐ Descreva sua situação completa por meio da visão externa. A visão externa deve incluir (a) taxas básicas aplicáveis e (b) perspectivas fornecidas por outras pessoas.

☐ Descreva sua situação completa a partir da visão interna.

☐ Encontre a interseção entre as visões externa e interna para chegar a uma narrativa mais precisa.

Uma Disposição Mais Ensolarada?

A maioria das pessoas acredita que viver em um lugar com bom clima as torna mais felizes. Mas, quando o ganhador do Prêmio Nobel Daniel Kahneman e seu colega David Schkade testaram essa crença, descobriram que o clima de uma área tem pouco efeito na felicidade das pessoas. Em um estudo, eles mediram a felicidade em quase 2 mil alunos da Universidade Estadual de Ohio, da Universidade de Michigan, da UCLA e da Universidade da Califórnia, Irvine. A maioria dos alunos advindos do Meio Oeste e da Califórnia *esperavam* que os da Califórnia seriam mais felizes, mas o que eles realmente descobriram é que havia pouca diferença na felicidade entre os alunos que frequentavam as escolas no Meio Oeste (onde o clima não é objetivamente bom) e os estudantes que frequentavam as escolas da Califórnia.

Esse é um bom exemplo do benefício de permitir que as visões interna e externa colidam. Achamos que sabemos algo sobre como o clima vai nos afetar e estamos muito confiantes sobre isso. Mas, uma vez que descobrimos o que é verdade sobre o mundo de uma forma científica, aprendemos que o nosso instinto (mesmo que envolva como *pensamos* que reagiremos a algo) é bastante impreciso. Só podemos descobrir essa imprecisão obtendo a visão externa.

Quando você está pensando sobre o clima (como esteve no exemplo do emprego em Boston e como milhões de estudantes e adultos fazem ao contemplarem a mudança para um clima mais quente), você pode pensar que sair do calor do Sul ou do Oeste para o inverno do Nordeste norte-americano seria um "não" para você. Você pode acreditar que o clima tem um grande efeito na felicidade das pessoas e que isso certamente vai acontecer se você se mudar para algum lugar frio.

Se você reservar um momento para abordar a visão externa, ela pode lhe fornecer uma visão mais realista do quanto o clima é capaz de afetar sua felicidade. Só porque, em média, o clima não terá um grande efeito sobre a felicidade, isso não significa que não terá um efeito sobre a sua felicidade. No entanto, significa que você não deve necessariamente confiar em uma suposição que acredita a respeito do efeito do clima sobre a felicidade, mesmo que seja uma suposição generalizada.

7

Libertando-se da Paralisia da Análise

COMO USAR SEU TEMPO DE TOMADA DE DECISÕES COM MAIS SABEDORIA

Estime quanto tempo você gastou, em minutos por semana, decidindo cada um dos itens a seguir:

	Minutos por semana:
1. O que comer:	
2. O que assistir na Netflix:	
3. O que vestir:	

Isto é o quanto uma pessoa média gasta, por semana, em cada uma dessas decisões:

- *O que você quer comer?* 150 minutos por semana.
- *O que você quer assistir na Netflix?* 50 minutos por semana.
- *O que você quer vestir?* 90 a 115 minutos por semana.

Significando que, se você é como a maioria das pessoas, gasta muito tempo na paralisia da análise.

O tempo que a pessoa média gasta decidindo o que comer, assistir e vestir soma *250 a 275 horas por ano*. É muito para decisões que, intuitivamente, parecem irrelevantes.

Pode parecer que gastar um minuto extra do seu tempo aqui e ali nessas decisões de rotina não é grande coisa, mas pode ser uma morte lenta. Essas pequenas despesas aumentam com o tempo, até que você passa sete semanas por ano de trabalho decidindo o que comer, assistir e vestir.

O tempo é um recurso limitado, que você tem que usar de forma inteligente. O tempo gasto para decidir é o tempo em que você poderia gastar fazendo outras coisas, como realmente conversar com a pessoa sentada à sua mesa no restaurante. A capacidade de perceber quando você pode decidir mais rápido (ou quando precisa diminuir a velocidade) é uma habilidade essencial a se desenvolver.

O custo de ir muito rápido

> **A COMPENSAÇÃO DE PRECISÃO DO TEMPO**
>
> Melhorar a precisão custa tempo; e poupar tempo custa precisão.

Mas é aqui que fica complicado: o custo de demorar a decidir é que você não pode usar esse tempo para coisas extras, incluindo tomar outras decisões que podem ter muitas vantagens potenciais. Mas ir muito rápido também tem seu custo. Quanto mais rápido decide, mais sacrifica a precisão.

O desafio para qualquer tomador de decisão é querer fazer duas coisas ao mesmo tempo: não gastar muito tempo, nem sacrificar muita precisão. Assim como Cachinhos Dourados, busca-se um equilíbrio "perfeito". Vendo as estatísticas sobre escolhas simples para a maioria, chegar na "medida certa" significará acelerar.

Como essa estrutura pode acelerar você?

Provavelmente, você concorda que, sim, seria maravilhoso poder aumentar a velocidade de várias de suas decisões. Mas, a essa altura, você também pode estar se perguntando como a estrutura deste livro vai ajudar nisso. Ao trabalhar na criação de árvores de decisão, previsão de probabilidades, identificação de contrafactuais, e assim por diante, você pode estar pensando: "Terei sorte se tomar uma decisão a cada três dias."

Pode ser contraintuitivo, mas a estrutura de tomada de decisões oferecida neste livro realmente o ajudará a ir mais rápido e aqui está o porquê:

A chave para atingir o equilíbrio correto entre o tempo e a precisão é descobrir qual é a penalidade por tomar uma decisão de qualidade inferior do que faria se tivesse demorado mais tempo. Quanta margem existe para sacrificar a precisão pela velocidade?

Quanto menor a penalidade, mais rápido você pode ir. Quanto maior a penalidade, mais tempo deve levar para tomar uma decisão. Quanto menor o *impacto* de um resultado ruim, mais rápido pode ir. Quanto maior o impacto, mais tempo deve levar.

O processo decisório em seis passos o leva a imaginar as possibilidades, considerar os retornos associados a elas e estimar a possibilidade de cada uma ocorrer. Isso porque essa estrutura o ajuda a administrar a compensação de precisão de tempo, porque significa que você está pensando em termos de potenciais positivo e negativo.

E isso significa que você está pensando no impacto.

Imaginar como será o futuro, dada qualquer decisão que esteja considerando, tornará mais fácil identificar quando os custos de não acertar "na medida certa" são pequenos.

Para a maioria das decisões, essa estrutura o ajudará a aumentar a velocidade, mesmo para decisões que trazem muito mais consequências do que o que comer no jantar. Usar as ferramentas de decisão oferecidas neste livro o deixará mais lento quando estiver usando sua intuição para tomar decisões que merecem consideração mais cuidadosa — e é quando você *deve* demorar mais.

Um benefício extra por poupar tempo: cutucar o mundo!

O tema recorrente deste livro é que você deve estar focado na busca de maneiras de extrair informações do mundo, transformando parte do universo de coisas que você não conhece em coisas que conhece. As informações que você coleta não são apenas para aprender novos fatos, descobrir como as coisas funcionam ou refinar suas estimativas de como as coisas podem acontecer.

São, também, para descobrir suas próprias preferências, gostos e desgostos.

Libertando-se da Paralisia da Análise 151

Quanto mais você souber suas próprias preferências, melhor será a sua tomada de decisão. E uma das formas ideais de conseguir isso é experimentar. Quanto mais rápido você toma decisões, mais coisas pode experimentar. Isso significa mais oportunidades para experimentar e cutucar o mundo, o que consequentemente significa mais oportunidades para você aprender coisas novas, incluindo coisas novas sobre você.

Então, vamos descobrir como acelerar.

[1]
O Teste da Felicidade:
quando o tipo de coisas que você está decidindo tem baixo impacto

Estamos juntos em um restaurante e você não sabe o que pedir. Você finalmente se decide, pede e o garçom traz a sua comida. Talvez seja ótima. Talvez seja ok. Talvez não seja tão boa. Talvez seja tão ruim que você empurra o prato para longe em desgosto.

1 Nós nos encontramos *um ano* depois e eu pergunto: "Como foi o seu ano?" Você pode responder que foi um ano ótimo, horrível ou algo entre eles. Não importa se seu ano foi bom ou ruim, imagine então que eu pergunto: "Lembra aquela refeição que partilhamos um ano atrás? Que efeito a comida daquela noite teve sobre a sua felicidade no ano passado?"

Dê a sua resposta abaixo, em uma escala de 0 a 5, na qual 0 é "sem efeito" na sua felicidade ao longo do ano e 5 é um "efeito enorme" na sua felicidade:

Nenhum efeito   0   1   2   3   4   5   Efeito enorme

2 Agora, digamos que nos encontramos *um mês* depois daquela refeição e eu fiz a mesma pergunta. Em uma escala de 0 a 5, que efeito a comida daquela noite teve sobre a sua felicidade no mês que passou?

Nenhum efeito   0   1   2   3   4   5   Efeito enorme

3 Agora, digamos que nos encontramos *uma semana* depois daquela refeição e eu fiz a mesma pergunta. Em uma escala de 0 a 5, que efeito a comida daquela noite teve sobre a sua felicidade na semana que passou?

Nenhum efeito   0   1   2   3   4   5   Efeito enorme

Se você é como a maioria das pessoas, respondeu que a comida não afetou muito a sua felicidade, quando muito, no último ano. Se você é como a maioria, isso também é verdade se perguntei após um mês ou uma semana. Independentemente de saber se a sua comida é boa ou ruim, é improvável que tenha qualquer efeito significativo em sua felicidade a longo prazo. O mesmo é verdade se você começa a assistir a um filme ruim na Netflix ou veste calças desconfortáveis.

> **O TESTE DA FELICIDADE**
>
> **Pergunte a si mesmo se o resultado da sua decisão, bom ou ruim, provavelmente terá um efeito significativo na sua felicidade em um ano. Se a resposta for não, a decisão passou no teste, o que significa que você pode aumentar a velocidade.**
>
> **Repita para um mês e uma semana.**
>
> **Quanto menor o período de tempo em que a sua resposta é "não, isso não afetará muito a minha felicidade", mais você pode trocar a precisão pela economia de tempo.**

O que isso indica é que escolher o que comer, assistir ou vestir são decisões de baixo impacto.

O *Teste da Felicidade* é uma forma de descobrir se a decisão é sobre algo de baixo impacto.

Há categorias inteiras de decisões em que, seja qual for a escolha (frango ou peixe, terno cinza ou azul, *Austin Powers* ou *A Princesa Prometida*), o resultado não terá muito efeito na sua felicidade em longo prazo (ou no curto, nesse caso).

Se a categoria de coisas que está decidindo passar no Teste da Felicidade, você pode aumentar a velocidade, porque não há muita penalidade por acertar "menos." Definida de forma ampla, a felicidade é um bom substituto para a compreensão do impacto de uma decisão em alcançar seus objetivos de longo prazo. Quando você descobrir que os ganhos ou perdas potenciais (medidos em felicidade) são pequenos, isso significa que a decisão tem baixo impacto e você pode ir rápido.

O tempo que você ganha é o que você pode gastar em uma decisão mais impactante ou fazendo escolhas experimentais de baixo risco para cutucar o mundo.

Mais rápido ainda: quando as opções se repetem

Você está indeciso entre frango ou peixe. Você decide pelo peixe e ele vem seco e sem gosto. Você pensa: "Devia ter pedido o frango!"

Você está entre duas roupas para ir a uma festa; uma bem chique e outra casual. Escolhe a chique e, quando chega à festa, todo mundo está vestido informal. Você imediatamente se arrepende de não ter escolhido a outra opção.

Mesmo que a maioria das decisões não tenha impacto significativo na sua felicidade de *longo prazo*, ainda há um custo de *curto prazo* de um resultado ruim: *arrependimento*.

Arrependimento (ou medo de) pode torná-lo indeciso sobre quase qualquer coisa.

Quase todo mundo se arrepende na sequência imediata de um resultado ruim. Antecipar esse sentimento pode induzir à paralisia da análise, porque você naturalmente pensa que levar mais tempo tornará menos provável que você obtenha um resultado ruim, então é menos provável que sinta a dor do arrependimento que o acompanha.

> ## OPÇÕES DE REPETIÇÃO
>
> **Quando o mesmo tipo de decisão surge repetidamente, você tem chances repetidas de escolher opções, incluindo opções que pode ter rejeitado no passado.**

Em vez de pensar sobre o impacto de longo prazo (que é o que realmente importa), você fica preso no curto prazo, com tanto medo de se arrepender que não consegue decidir. O medo do arrependimento custa tempo.

Opções repetidas ajudam a custear o arrependimento.

As opções se repetem para decisões nas quais você terá outra chance com a mesma escolha, o que é especialmente útil se a escolha surgir de novo, rapidamente. Você pode realmente não gostar do prato que pediu em um restaurante, mas terá outra chance de escolher algo para comer em apenas algumas horas. E isso ajudará a tirar a dor de qualquer arrependimento de curto prazo.

Escolher matérias na faculdade é uma opção repetida.

Escolher com quem ter um primeiro encontro é uma opção repetida.

Escolher rotas de carro é uma opção repetida.

Escolher um filme para ver é uma opção repetida.

Quando uma decisão passa no Teste de Felicidade, você pode aumentar a velocidade. Quando uma opção se repete, você pode aumentar mais ainda, porque ter outra chance na decisão ajuda a reduzir o pequeno custo que existe em um resultado ruim, medido pelo arrependimento de uma decisão de baixo impacto. Decisões que se repetem também trazem oportunidades para escolher coisas que você tem menos certeza, como uma comida que nunca experimentou ou um novo programa de TV, porque você não é penalizado tão severamente por fazer essas apostas. Com baixo custo, você recebe informações sobre o que gosta e o que não gosta e pode encontrar algumas surpresas nisso.

Tudo o que você aprender informará todas as suas decisões futuras. Isso significa que, quando você enfrentar uma decisão de alto impacto, ela estará mais bem informada do que se você não tivesse feito todas aquelas cutucadas de baixo risco no mundo.

Libertando-se da Paralisia da Análise

1 Identifique um tipo de decisão que você sempre luta e/ou lutou no passado e que, hoje, você percebe que tem baixo impacto porque ela passou no Teste da Felicidade:

_____
_____
_____
_____

Você acha que pode acelerar essa decisão? Como?

_____
_____
_____
_____

2 Identifique até cinco outras decisões pelas quais você sofreu para decidir no passado e que também passaram pelo Teste da Felicidade. Pelo menos uma delas também deve ser uma opção que se repete rapidamente.

_____
_____
_____
_____
_____
_____

[2]

Freeroll: decidindo rapidamente quando a desvantagem é quase nula

A Lenda do Homem Trivia

Você está andando pela rua. Um cara se aproxima e diz: "Vou lhe fazer uma pergunta. Se acertar, ganha dez pratas."

Você está desconfiado. "E se perder? Vou ficar devendo dez pratas?"

"Não! É que eu amo *quizzes* e me satisfaz recompensar pessoas com dinheiro quando elas acertam as minhas perguntas."

Você não tem nada a perder, então diz: "Vamos lá." "Qual capital estadual tem a menor população nos Estados Unidos?"

Você chuta "Vermont." Ele bate palmas, feliz, e dá as dez pratas pela resposta certa.

"Por mais dez pratas, qual é o nome da cidade?"

Ai! Você não tem certeza, então dá o nome da única cidade de Vermont que conhece: "Burlington!"

Triste, ele balança a cabeça: "Que pena. É Montpelier."

Como prometido, você não lhe deve nada pela resposta correta. Você nunca mais o vê novamente, mas está dez pratas mais rico.

Isso é *freeroll*.

Você já esteve em uma situação em que um amigo seu está sofrendo para convidar alguém para um encontro e você diz: "Apenas pergunte. Pode ser o amor da sua vida. O pior que pode acontecer é ela dizer não!" Se sim, você entende o *freeroll*, mesmo sem nunca ter ouvido o termo antes.

O conceito de *freeroll* é um modelo mental útil para identificar oportunidades que você pode decidir aproveitar rapidamente. A principal característica de um *freeroll* é a *desvantagem limitada*, o que significa que não há muito a perder (mas pode haver muito a ganhar). A penalidade usual por acelerar — a possibilidade de uma maior probabilidade de um resultado pior — não se aplica quando você está no território do *freeroll*.

> **FREEROLL**
>
> **A situação em que há uma assimetria entre a vantagem e a desvantagem, porque a perda potencial é insignificante.**

Você pode identificar decisões com desvantagens limitadas, perguntando a si mesmo uma ou ambas destas perguntas:

Libertando-se da Paralisia da Análise (157)

1. Qual é a pior coisa que pode acontecer?

2. Se o resultado não vier, estou pior do que estava antes de tomar a decisão?

Se o pior que pode acontecer não é tão ruim ou se você não ficar pior do que antes caso o resultado não for do seu jeito, a decisão se encaixa na categoria do *freeroll*. Significa que você pode acelerar, porque a penalidade por sacrificar a precisão é limitada.

Obviamente, sempre há algum custo para tomar qualquer decisão, mesmo que seja apenas o tempo que leva para responder às perguntas do Homem Trívia. Aplicar o conceito de *freeroll* não é só sobre procurar situações com potencial de desvantagem zero, mas sim uma assimetria entre a vantagem e a desvantagem de uma decisão.

> **Quanto maior for a assimetria entre a vantagem e a desvantagem, mais você tem a ganhar quando as potenciais perdas são limitadas e maior é o *freeroll*.**

Na verdade, o "almoço grátis" existe

Você deve estar pensando que os *freerolls* são bons demais para estarem realmente disponíveis. Mas, assim que estiver procurando por eles, descobrirá que eles aparecem com mais frequência do que se pensa.

Você está se candidatando a universidades, mas a dos seus sonhos está bem distante porque a porcentagem de você ser aceito é muito baixa. Ainda assim você deve se candidatar? Supondo que o custo da inscrição não seja muito significativo, você não ficará realmente pior se não entrar, mas, se entrar, vai para a universidade dos seus sonhos.

Você está procurando uma casa para comprar. Como sempre parece ser o caso, o corretor mostra a casa ideal, mas o preço pedido é 20% acima do máximo que você definiu. Você faz uma oferta? Se fizer dentro da sua faixa de preço e o vendedor rejeitar, você não ficará pior. Mas, se ele aceitar, você consegue a casa dos seus sonhos por uma pechincha.

> **Quanto mais rápido você se envolver, menos provável será que a oportunidade desapareça. Quanto mais rápido você decidir aproveitar a oportunidade, mais rápido terá a chance de perceber o potencial ganho unilateral da decisão.**

Identificado o *freeroll*, você não precisa pensar muito *se* aproveitará a oportunidade, mas ainda quer ter tempo com a execução da decisão. Decida rapidamente *se* deseja se inscrever em uma faculdade que é difícil, mas reserve um tempo para se certificar de que a inscrição seja de alta qualidade. Decida rapidamente *se* você quer fazer uma oferta pela casa dos sonhos, mas reserve um tempo para se certificar de que a oferta é boa.

158 *Como Decidir*

Todo esse tempo que você economiza pode ser usado para tomar outras decisões que podem render frutos, incluindo aproveitar outras oportunidades de *freeroll*. No entanto, assim como seu amigo que se preocupa se deve convidar alguém para um encontro, as pessoas podem ficar angustiadas com esse tipo de decisão, muitas vezes passando adiante essas oportunidades. Por que mais pessoas não veem (e aproveitam) os *freerolls*?

Uma razão provável é que os *freerolls*, normalmente, *não* passam no Teste da Felicidade. Cada um desses exemplos tem o potencial de uma vantagem muito mais significativa do que o Homem Trívia, dando a você 10 ou 20 pratas. Para qual faculdade você vai e qual casa comprar são decisões de alto impacto. As pessoas podem ficar presas na paralisia da análise sobre esses tipos de decisão por causa desse impacto potencial.

Dessa forma, o impacto da decisão ofusca a desvantagem limitada, tornando difícil ver que você está em uma situação de *freeroll*.

O que se perde é que, para os *freerolls*, o grande impacto potencial na sua felicidade é *unilateral em seu favor*.

Além do impacto que obscurece o *freeroll*, o medo do fracasso ou da rejeição também pode ser paralisante, especialmente quando há uma grande probabilidade de que as coisas não saiam do seu jeito. Receber uma carta de rejeição da universidade dos seus sonhos dói no momento. Ninguém quer ouvir um corretor de imóveis dizer: "O comprador achou que a sua oferta era uma piada."

Quando você passa tais oportunidades adiante, ou deixa que esses pequenos negativos temporários atrapalhem, você está ampliando o momento de rejeição e ignorando a assimetria que trabalha em seu favor. Você está se poupando desses sentimentos de curta duração se a oportunidade não der certo, mas está se custando a chance de um impulso significativo e de longo prazo para o seu bem-estar.

1 Identifique uma decisão que você está atualmente considerando e/ou já considerou que se qualifica como um *freeroll* — uma decisão na qual há principalmente vantagens e desvantagens limitadas — na qual você está levando muito tempo para decidir:

_____
_____
_____
_____

Você acha que pode acelerar essa decisão? Como?

_____
_____
_____
_____

2 Identifique algumas outras decisões passadas que você poderia classificar como *freerolls*:

_____
_____
_____
_____
_____

Atenção: um donut grátis não é um *freeroll*

Ao considerar se uma decisão limitou a desvantagem potencial, é essencial pensar sobre os efeitos cumulativos de tomar a mesma decisão repetidamente, em vez de se concentrar apenas no único dano potencial de curto prazo.

Se você decidiu se alimentar de maneira mais saudável e alguém do trabalho traz donuts no dia do aniversário, é fácil vê-lo como um *freeroll*. Afinal, o seu bem-estar não dependerá de comer só um. O prazer que você obtém com aquele doce provavelmente supera o custo nominal para a sua saúde de apenas um donut.

Mas, se você tomar essa decisão repetidamente, é uma história diferente. Se você fez a mesma coisa ontem com uma fatia de pizza e o mesmo com um saco gigante de pipoca de cinema na noite anterior (porque estava se divertindo muito em um encontro) e a mesma coisa na semana passada com um *cheesecake* (porque você precisava urgentemente de uma pausa)... Bem, você pode ver o potencial para vários custos insignificantes "únicos" que somam algo expressivo.

É a mesma coisa com o bilhete de loteria. Perder alguns dólares em um tíquete da loteria não afetará muito sua felicidade de longo prazo. E, se você ganhar, será uma mudança de vida. Isso pode levá-lo a pensar que a loteria é um *freeroll*. Mas ela é uma proposta financeira tão perdedora que, no longo prazo, as perdas potenciais superam em muito os ganhos potenciais. Depois de pensar em vários bilhetes todas as semanas, você pode ver que a loteria é uma grande perda, não um *freeroll*.

Ao se perguntar "qual a pior coisa que pode acontecer?" certifique-se de continuar examinando os efeitos de tomar o mesmo tipo de decisão repetidamente. É assim que você reconhece que um donut grátis não é um *freeroll*.

[3]
Lobo em Pele de Cordeiro:
apostas altas, decisões fechadas, decisões rápidas

Você tem uma semana de férias no ano que vem e decidiu fazer uma grande viagem. Você se restringiu a dois destinos, Paris ou Roma. (Se você tem um par de destinos favoritos ou uma lista de desejos, onde nunca esteve antes, substitua-os neste experimento de pensamento.)

1 Quão difícil seria, em uma escala de 0 a 5, uma vez que você restringiu sua decisão para Paris ou Roma (ou dois outros destinos que você consideraria altamente desejáveis), escolher entre eles?

Nada difícil   0   1   2   3   4   5   *Extremamente difícil*

2 Nos encontramos *um ano* após as suas férias e pergunto: "Como foi o seu ano?" Talvez você diga que foi um ano ótimo, horrível ou algo entre os dois. Após a sua resposta, eu pergunto: "Em uma escala de 0 a 5, qual efeito as suas férias tiveram na sua felicidade ao longo do ano?"

Nenhum efeito   0   1   2   3   4   5   *Efeito enorme*

3 Nos encontramos *um mês* após as suas férias e pergunto: "Como foi o seu mês? Em uma escala de 0 a 5, qual efeito as suas férias tiveram na sua felicidade ao longo do mês?"

Nenhum efeito   0   1   2   3   4   5   *Efeito enorme*

4 Nos encontramos *uma semana* após as suas férias. "Em uma escala de 0 a 5, qual efeito as suas férias tiveram na semana seguinte?"

Nenhum efeito   0   1   2   3   4   5   *Efeito enorme*

Se você é como a maioria das pessoas, sofre para tomar esse tipo de decisão.

Afinal, decidir entre Paris e Roma não passa no Teste da Felicidade. Tirar férias em um lugar como esses certamente afetará a sua felicidade em uma semana, um mês e até ao longo do ano. A não ser que você viaje constantemente entre destinos exóticos, isso não é uma opção repetida; pode ser uma escolha única na vida. E há um custo alto se não funcionar. Escolhendo Paris ou Roma, ambas são viagens caras.

Enfrentamos várias decisões de alto impacto como escolher uma viagem à Europa.

Você pode ser aceito para duas das principais universidades da sua lista, ou encontrar duas casas incríveis dentro da sua busca, ou conseguir duas ofertas de emprego dos sonhos. Então, você fica hesitante sobre qual opção escolher, tentando distinguir as pequenas diferenças entre duas ou mais ótimas escolhas. Você se pega pesquisando incessantemente cada opção, chegando a critérios adicionais, pedindo a opinião de mais e mais pessoas, oscilando para a frente e para trás tentando descobrir qual é a escolha "certa".

Então, aqui está um pequeno experimento de pensamento estranho: e se, em vez de escolher entre Paris e Roma, você estivesse escolhendo as suas férias entre Paris e uma fábrica de trutas em conserva? Você teria problemas ou ansiedade em fazer essa escolha?

Presumo que a resposta seja não.

Isso indica que a *proximidade das opções* é o que o está atrasando. Você não teria problemas em escolher entre opções tão distantes em seus ganhos potenciais como uma semana em Paris *versus* uma semana entre partes de peixes descartadas.

E essa é uma pista de por que você pode e deve acelerar esse tipo de decisão.

Quando uma decisão é difícil, significa que é fácil

A mesma coisa que atrasa você — ter múltiplas opções que são muito próximas em qualidade — é, na verdade, um sinal de que você pode acelerar, pois quer dizer que, independentemente da opção que escolher, possivelmente não estará errado, uma vez que ambas as opções são similares nos potenciais de vantagem e desvantagem.

Em vez de pensar na similaridade entre as opções em termos de seus *retornos potenciais gerais*, tanto os positivos quanto os negativos, focamos principalmente a ansiedade quanto ao lado negativo. E se a opção escolhida funcionar mal?

Um taxista desonesto poderia cobrar uma fortuna e deixá-lo no meio do nada. Você pode escorregar e quebrar a perna no dia da primeira nevasca depois de se mudar para o Noroeste. Você pode escolher a casa dos sonhos e acabar com um vizinho maníaco.

Esse foco assimétrico na desvantagem é uma maneira pela qual o resultado levanta a sua cabeça feia, retardando você. Sim, há muito a ganhar. Mas também há a perder. Não importa que as chances de um resultado ruim sejam quase idênticas independentemente da opção que você escolher. Quando as suas férias são ruins, você sente que escolheu mal. Então, fica angustiado, tomando um tempo extra, tentando evitar cometer um grande erro.

Desse ponto de vista, a decisão parece um *lobo*, uma fera perigosa, de alto impacto de opções não repetidas e muitas desvantagens em potencial. Decisões próximas podem fazer parecer que o lobo está à sua porta. Mas esse tipo de decisão, na verdade, é um *lobo em pele de cordeiro*.

Se você olhar a decisão através da estrutura da *relativa qualidade de opções em comparação entre si*, seu ponto de vista muda. Em vez de levar muito tempo tentando descobrir as pequenas diferenças entre as escolhas, reformule a decisão perguntando-se: *"Qualquer que seja a opção que eu escolha, quão errado posso estar?"*

Essa pergunta lhe permite pensar prospectivamente, entendendo que o que importa para a qualidade da decisão é o potencial de cada uma das opções, não qual dos muitos resultados possíveis acaba sendo aquele que se revela. Essa pergunta permite enxergar que você tem duas ótimas opções similares para escolher, então independentemente da opção que você decidir, é improvável que estará cometendo um grande equívoco.

Dessa forma, esses tipos de escolhas são, na verdade, **freerolls escondidos**. Como as opções que você tem são tão próximas, você está jogando um *freeroll* ao escolher qualquer uma delas. Você não pode estar tão errado de qualquer maneira.

Isso desbloqueia um princípio de tomada de decisões poderoso: *quando uma decisão é difícil, significa que é fácil*.

> ### QUANDO UMA DECISÃO É DIFÍCIL, SIGNIFICA QUE É FÁCIL
>
> **Quando você está avaliando duas opções próximas, então a decisão é realmente fácil, porque independentemente do que você escolher, não pode estar tão errado, uma vez que a diferença entre as duas é muito pequena.**

Inclinando-se em moinhos de vento

Quando você hesita sobre opções próximas, geralmente está perdendo tempo se inclinando em moinhos de vento. Você está perdendo tempo nas margens, esperando, na melhor das hipóteses, resolver pequenas separações em ganhos potenciais, tentando analisar diferenças indistinguíveis.

Você não pode *saber*, na ausência de realmente ir para Paris ou para Roma, qual você vai gostar mais. Mesmo que você já tenha estado nesses lugares antes, não pode *saber* de qual gostará mais dessa vez. Não importa a quem você peça opinião ou quantos *reviews* você leu em sites de viagens, essas pessoas não são você. Elas são pessoas diferentes com preferências diferentes, então seus conselhos só vão até certo ponto. Elas não podem *saber* qual destino você gostará mais.

Você não pode perder tempo e espaço para descobrir, antes de conseguir um emprego em Boston, como o emprego e a cidade funcionarão. Você não pode saber qual das duas casas semelhantes você gostará mais nos próximos dez anos, ou qual das duas faculdades de qualidade semelhante você gostará nos próximos quatro anos.

Por todos vivermos no espaço entre nenhuma informação e a informação perfeita, não é realista pensar que você será capaz de discernir qual opção é melhor.

Você está perseguindo uma certeza ilusória ao dedicar todo esse tempo extra.

Mesmo se, com tempo suficiente, você pudesse ter certeza de qual opção é a melhor, ainda não é um grande uso desse recurso limitado. Digamos, hipoteticamente, que uma viagem incrível à Europa tenha o potencial, em média, de aumentar a sua felicidade no curso de um ano em 5%. E digamos que, se você tivesse a informação perfeita, poderia saber que as férias parisienses têm o potencial de aumentar a sua felicidade em 4.9%, enquanto Roma poderia aumentar em 5.1%.

Isso significaria que você está gastando todo esse tempo para tentar resolver uma diferença de 0.2% entre duas opções. Esse tempo que você pode estar gastando em outras decisões ou fazendo outras coisas que terão muito mais do que uma pequena fração de 1% de impacto potencial em sua felicidade ou em sua capacidade de alcançar seus objetivos de longo prazo.

Rompendo o impasse: o Teste de Opção Única

Barry Schwartz pontua em seu livro, *O Paradoxo da Escolha*, que esse tipo de decisão do lobo em pele de cordeiro é mais provável de surgir quanto mais opções você tiver para escolher. Quanto maior o número de opções disponíveis, maior a probabilidade de mais de uma dessas opções parecer boa para você. Quanto mais opções parecerem muito boas, mais tempo você gastará na paralisia da análise.

Libertando-se da Paralisia da Análise (165)

Este é o paradoxo: mais escolhas, mais ansiedade.

Lembre-se, se as escolhas forem entre Paris e a fábrica de trutas em conserva, ninguém terá problemas. Mas e se a escolha for entre Paris ou Roma ou Amsterdã ou Santorini ou Machu Picchu? Você entendeu.

> **O TESTE DE OPÇÃO ÚNICA**
>
> **Para cada opção que você está considerando, se pergunte: "Caso esta fosse a única opção disponível, eu seria feliz com ela?"**

Uma ferramenta útil que você pode usar para quebrar o impasse é o *Teste de Opção Única*.

Se esta fosse a única coisa que posso pedir no menu...

Se este fosse o único programa que posso assistir na Netflix esta noite...

Se este fosse o único lugar que poderia ir nas férias...

Se esta fosse a única faculdade que me aceitou...

Se esta fosse a única casa que eu posso comprar...

Se este fosse o único emprego que me ofereceram...

O Teste de Opção Única tira os obstáculos que atrapalham sua decisão. Se você ficaria feliz caso Paris ou Roma fossem suas únicas opções, isso revela que simplesmente jogar a moeda o alegrará, seja qual for o lado que ela cair.

1 Na próxima semana, pratique o Teste de Opção Única sempre que estiver em um restaurante. Olhe o menu e descubra com quais itens você ficaria feliz se eles fossem a sua única opção. Depois de classificar o menu dessa forma, decida entre as opções que passam no Teste de Opção Única jogando uma moeda. Use o espaço abaixo para refletir sobre como é isso:

___

___

___

___

___

___

___

Como Decidir

A estratégia do menu

Essa estratégia de escolher o que pedir de um menu pode ser amplamente aplicada à tomada de decisão em geral. Para qualquer decisão, gaste seu tempo classificando as coisas que você gosta e as que não gosta.

Após isso, aumente a velocidade.

Os grandes ganhos que você consegue no seu tempo de tomada de decisão estão na *classificação*: descobrir, de acordo com *seus* valores e *seus* objetivos, o que faz uma opção ser "boa". As opções de classificação são o trabalho pesado da tomada de decisão e é aí que você obterá máximo valor ao desacelerar.

> **A ESTRATÉGIA DO MENU**
>
> Gaste seu tempo na classificação inicial. Economize seu tempo na colheita.

Depois de fazer a classificação e ter uma ou mais boas opções, não há uma grande penalidade por acelerar. Se as suas opções são muito próximas, você pode, como de costume, jogar a moeda para o alto e seguir adiante. O tempo extra, gasto entre as opções que atendem aos seus critérios, geralmente não resultará em muito ganho de precisão em relação à seleção por acaso.

Por isso que é tão importante identificar decisões de baixo impacto, principalmente as que se repetem. Esses tipos de decisão de baixo risco lhe dão a oportunidade de experimentar. A experimentação faz com que o mundo diga o que funciona e o que não funciona, além de o ajudar a descobrir suas preferências, gostos e desgostos.

E toda essa experimentação o tornará mais bem informado, valendo a pena em uma classificação mais precisa.

[4]

Quem Desiste Frequentemente Ganha e Quem Ganha Frequentemente Desiste: entendendo o poder da "desistência"

Você vai ao cinema local e vê um filme na sala 1 às 19h. Isso significa que você não pode ver o que está nas telas 2 a 18 ao mesmo tempo.

Você gasta quatro anos para conseguir a formação universitária. Esse é o tempo que você não poderá dedicar total atenção à sua banda.

Você lê a biografia oficial de Winston Churchill (8 volumes, 8.562 páginas, que levou 26 anos para ser escrita, em 2 gerações de biógrafos). Você não pode gastar esse tempo lendo outros 35 livros ou completando 2 semestres da faculdade de Direito.

> **CUSTO DE OPORTUNIDADE**
>
> **Quando você escolhe uma opção, perde ganhos associados às opções que não escolheu.**

Toda escolha que você faz é associada a um *custo de oportunidade*. Quando você escolhe uma opção, também está *rejeitando* outras, junto com o potencial de crescimento daquelas coisas que optou por não fazer. Quanto maiores forem os ganhos associados àquelas opções que você não escolhe, maior será o custo de oportunidade. Quanto maior o custo de oportunidade, maior será a penalidade por acelerar.

Quando você está escolhendo algo do menu e não gosta do sabor, imediatamente fica ciente do custo de oportunidade. Você poderia ter pedido um prato diferente, o que poderia ter sido ótimo, e talvez, se tivesse demorado mais tempo decidindo, não teria recebido seu pedido "errado". Isso também é verdade quando você não gosta do filme que escolheu, do trabalho que pegou ou da casa que comprou.

Custo de oportunidade e impacto

O custo de oportunidade é parte do que determina o impacto de uma decisão, então o custo de oportunidade *deve* ser um fator em como você gerencia a compensação de precisão de tempo. Quanto maiores os ganhos associados às opções que você não escolhe, mais você desiste por não escolher essas opções. Isso significa uma penalidade maior por sacrificar a precisão em favor da velocidade. Quanto menor o custo de oportunidade, menos você desiste e mais rápido você pode ir.

Isso é parte do que o Teste de Felicidade traz. Se a categoria de coisas sobre as quais você está decidindo tem baixo impacto, qualquer uma das opções disponíveis terá baixos custos de oportunidade associados a elas. Simplesmente não haverá muito a ganhar

168 *Como Decidir*

(ou a perder) com qualquer uma de suas opções. As opções repetidas cobram o custo de oportunidade. Quando uma decisão se repetir, você pode voltar e escolher uma opção que não escolheu antes. Isso significa que você rapidamente terá uma chance de participar do potencial de valorização de qualquer uma das opções que passou em pouco tempo. Você não está transferindo permanentemente os ganhos associados às coisas que não fez.

Existe outra maneira de liquidar o custo de oportunidade: desistir.

Persistência x desistência

"Quem desiste nunca vence e quem vence nunca desiste." Essa é a mensagem onipresente de pioneiros dos negócios como Thomas Edison e Ted Turner; de celebridades do esporte como Vince Lombardi, primeiro técnico campeão do Super Bowl, a grande final do futebol americano, e a ex-atacante da seleção norte-americana Mia Hamm; a autores como Dale Carnegie e Napoleon Hill e artistas como James Cordon a Lil Wayne.

Parece ser senso comum que a *persistência* cria o sucesso. A persistência tem valor, mas a ***desistência*** também.

Desistir não merece sua reputação negativa quase universal. Desistir é uma ferramenta poderosa para reduzir o custo de oportunidade e reunir informações que permitirão que você tome decisões de alta qualidade sobre as coisas que você decida seguir.

Sempre que você decide investir seus recursos limitados em uma opção, está fazendo isso com informações limitadas. Conforme a sua escolha se desenrola, novas informações se revelam. E, às vezes, essa informação indicará que a opção que você escolheu não é a melhor para avançar em direção aos seus objetivos.

Conforme você aprende, pode ser que descubra que uma decisão que considerou ótima, na verdade, tem muito mais potencial de desvantagem do que você imaginou e, portanto, tem uma probabilidade maior de fazer você perder terreno em vez de ganhá-lo. Ou pode ser que você esteja ganhando terreno com a opção que escolheu, mas ganharia *mais terreno ainda* se fizesse uma escolha diferente.

É um bom momento para pensar em desistir.

Jogadores de pôquer entendem isso, assim como todo mundo que já ouviu Kenny Rogers cantar "You gotta know when to fold 'em" [você tem que saber quando dobrá-los, em tradução livre]. Se você colocar seus recursos em uma escolha que você acha que não tem mais a melhor chance de funcionar e tem a opção de mudar de rumo, é um bom momento para cortar suas perdas e "dobrá-las".

Sim, desistir traz custos: perder dinheiro, reputação, capital social, tempo etc.

Libertando-se da Paralisia da Análise 169

Acabar com um relacionamento após o primeiro encontro custa menos do que após o casamento. O custo de se mudar de uma casa alugada da qual você não gosta é menor do que vender e sair de uma casa que você possui.

O custo de mudar de ideia de se mudar para uma vizinhança diferente é muito menor do que mudar de ideia para se mudar para outro país.

Parte de um bom processo decisório é se perguntar: *"Se eu escolher esta opção, qual é o custo da desistência?"* Quanto menor o custo de mudança de curso no futuro, mais rápido você pode tomar sua decisão, uma vez que a opção de desistir diminui o impacto, reduzindo o custo de oportunidade.

Você pode levar menos tempo para decidir quem vai chamar para um primeiro encontro do que decidir com quem se casar. Você pode levar menos tempo para decidir qual casa alugar do que decidir qual comprar. Você pode levar menos tempo para decidir se vai para um bairro diferente do que para decidir se vai para outro país.

> **DESISTÊNCIA**
>
> **Quanto menor o custo da desistência, mais rápido você pode decidir, porque é mais fácil desfazer a decisão e escolher uma opção diferente, incluindo opções que você pode ter rejeitado no passado.**

Desistir não é intuitivo

Por causa da forma como a mente humana funciona, tendemos a ver as decisões como permanentes e finais, particularmente se tiverem alto impacto. Não pensamos muito sobre a opção de desistir. Mas, uma vez que você analisar as decisões por meio do quadro de desistência, descobrirá que, para muitas decisões que você pensou (ou simplesmente presumiu) que não poderia desfazer, o custo é proibitivamente alto.

Quando as pessoas estão escolhendo universidades, por exemplo, ficam angustiadas em parte porque pensam que estão tomando uma decisão permanente para os próximos quatro anos de suas vidas. Mas a visão externa revela que 37% dos estudantes universitários se transferem para uma nova faculdade e quase a metade deles o faz múltiplas vezes.

Depois de perceber que a transferência é uma opção, você pode mudar seu quadro de nem mesmo considerar a opção de sair para perguntar quanto custaria fazer isso. Seus créditos serão transferidos? Qual é o custo de deixar os seus amigos? Será difícil fazer amigos novos? Qual é o custo da mudança? Você conseguirá entrar em uma faculdade melhor?

Não importa quais sejam as suas respostas, aposto que o custo de desistir é menor do que você pensava — porque, provavelmente, você nem estava pensando nisso antes.

Desistir melhora a qualidade da decisão.

Decisões de duas vias: decidindo rápido e aprendendo mais

As decisões em que o custo para desistir são gerenciáveis também oferecem a oportunidade de coletar informações por meio de inovação e experimentação. O fundador da Amazon, Jeff Bezos, e Richard Branson, fundador do Virgin Group, incluem o conceito de *decisão de "duas vias"* em seus processos decisórios. Uma decisão de duas vias é, simplesmente, aquela para a qual o custo de desistir é baixo.

Quando você percebe que tem uma decisão de duas vias, pode fazer escolhas que tem menos certeza, dando a si mais oportunidades de baixo risco de se expor ao universo das coisas que você não sabe. As informações que você coleta no processo o ajudarão a implementar o menu de estratégia, melhorando sua precisão na classificação das opções entre as quais você gosta e as que não gosta.

Tente coisas que você pode desistir. Descubra do que você gosta e do que não gosta. Descubra o que funciona e o que não funciona.

Se você não sabe se gostaria de tocar piano, faça algumas aulas. Se não gostar, desista. Você não tem que tocar piano pelo resto da vida. Inscreva-se em aulas de improvisação ou aprenda a cozinhar com pedra de sal.

Claro, você vai querer se limitar a algumas coisas. É difícil ter sucesso em qualquer coisa se você não tiver coragem e persistência. Mas ser alguém que desiste permite que você faça melhores escolhas sobre quando ser corajoso.

Empilhamento de decisão

Uma vez que você tenha um modelo mental de desistência, vendo o mundo através das lentes do custo de desistir, isso revela uma estratégia eficaz para melhorar a qualidade de suas decisões: o *empilhamento de decisões*.

Você enfrentará várias decisões de alto impacto e de uma via, que carregam um alto custo para desfazer (como comprar uma casa, se mudar para outro país ou mudar de profissão). Quando você sabe que tem tal decisão no horizonte, considere se há decisões de baixo impacto e mais fáceis de abandonar que você pode empilhar antes da escolha de alto impacto para ajudar a informar sua decisão de via única.

Libertando-se da Paralisia da Análise (171)

Encontro é uma aplicação natural do empilhamento de decisões. Se você foi a vários encontros, aprendeu mais sobre seus gostos e desgostos antes de decidir se comprometer em um relacionamento. Da mesma forma, se você está pensando em comprar uma casa em um determinado bairro, pode primeiro alugar uma casa neste lugar.

> **EMPILHAMENTO DE DECISÕES**
>
> **Encontrar maneiras de tomar decisões de baixo impacto e fáceis de desistir antes de tomar uma decisão de alto impacto e mais difícil de desistir.**

Decidindo rápido e aprendendo a escolher opções em paralelo

Ivan Boesky foi um corretor de Wall Street que se tornou símbolo de sucesso — e excesso — nos anos 1980 antes de se declarar culpado de negociação com informações privilegiadas, pagando uma multa de US$100 milhões e indo para a prisão. Como um ícone daquela era, ele se tornou assunto de inúmeras histórias incomuns: ele dormia três horas por noite; nunca se sentava no trabalho; fez o discurso original *"greed is good"* (ganância é bom) durante a formatura na escola de negócios; foi o modelo para Gordon Gekko em *Wall Street*. Reza a lenda que, quando Boesky jantava no famoso restaurante Tavern on the Green, na cidade de Nova York, ele pedia todos os itens do menu e dava uma mordida em cada um.

Embora a história seja certamente apócrifa, ela ilustra um princípio útil de tomada de decisão: quando você está avaliando qual opção escolher, às vezes pode escolher mais de uma ao mesmo tempo.

Escolher opções em paralelo obviamente diminui o custo da oportunidade, porque você participa do potencial de crescimento de várias ao mesmo tempo. Encontrar maneiras de exercitar as opções em paralelo também reduz a exposição ao lado negativo.

Você pode não ser rico como Boesky, mas em um restaurante você pode ser capaz de convencer sua companhia a dividir, permitindo que você peça vários aperitivos e pratos.

Se você quer assistir a diferentes eventos esportivos ao mesmo tempo, pode ver em vários monitores — ou ir a um *sports bar*.

Se você estiver escolhendo entre duas campanhas de marketing, poderá descobrir uma maneira de experimentar as duas em testes de mercado e ver qual funciona melhor.

Você pode planejar férias em que visite Paris *e* Roma.

Como Decidir

Ao poder fazer mais de uma coisa por vez, tem muito mais chances de ganhar o mundo, absorvendo várias experiências.

Exercitar opções em paralelo também diminui sua exposição à desvantagem. Mesmo para decisões que têm apenas 10% de chance de dar errado, isso significa que em 10% das vezes você não terá um bom resultado. Mas, se você pode fazer várias coisas ao mesmo tempo e cada uma delas tem 10% de chance de dar errado, as chances de *todas elas* não funcionarem são muito pequenas. Isso diminui naturalmente a penalidade por aumentar a velocidade.

> Quando o custo para desistir é baixo, você pode acelerar. Quando for possível exercitar múltiplas opções em paralelo, pode acelerar mais ainda.

Fazer as coisas em paralelo tem um custo. Pedir tudo no menu obviamente custa mais do que um item. Ao fazer mais de uma coisa por vez, há um custo na qualidade da sua execução. Sua atenção é flexível, mas não ilimitada. Você quer equilibrar o que está ganhando fazendo várias coisas ao mesmo tempo com o que está perdendo: dinheiro, tempo e outros recursos — e também a qualidade da sua execução de múltiplas opções.

Se você já assistiu a um programa de TV com o tema de dois encontros para o baile, sabe que, apenas porque *pode* fazer mais de uma coisa ao mesmo tempo, não significa que você *deve*.

Pense sobre uma decisão de alto impacto com a qual você esteja lutando. Alternativamente, pense sobre uma decisão de alto impacto que você lutou no passado. Avalie essa decisão usando o modelo mental de desistência.

1 Descreva brevemente a decisão usando suas opções principais:

_____
_____
_____
_____
_____
_____
_____

Libertando-se da Paralisia da Análise 173

2 Quais são/foram os custos, após escolher uma opção, desistir e fazer uma escolha diferente?

_____

_____

_____

_____

3 Essa é/foi uma decisão potencialmente de duas vias com um custo administrável para desistir?   *SIM*   *NÃO*

4 Se sim, qual é/foi o custo para desistir?

_____

_____

_____

_____

5 Se não, quais são algumas maneiras de empilhar decisões, colocando as de custo mais baixo na frente da decisão de uma via, dando-lhe a oportunidade de reunir informações para a decisão posterior?

_____

_____

_____

_____

6 Para essa decisão, descreva formas como você poderia exercer opções em paralelo, se possível:

_____

_____

_____

_____

_____

Aqui está um fluxograma simples que captura as ideias oferecidas neste capítulo sobre como gerenciar a compensação tempo-precisão:

O QUÃO RÁPIDO POSSO IR?

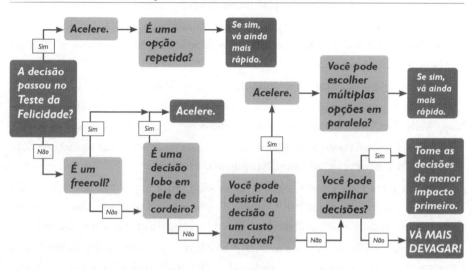

[5]
Esta É a Palavra Final?:
sabendo quando seu processo decisório está "finalizado"

No fim dos anos 1950 e início dos 1960, havia uma comédia popular sobre uma "típica" família suburbana, *Leave It to Beaver* (Foi Sem Querer, no Brasil). "Beaver" era o apelido do filho mais novo e os episódios o envolviam com frequência em pequenas travessuras. Por exemplo, em um episódio, Beaver insiste que pode ir sozinho cortar o cabelo. Ele perde o dinheiro do cabeleireiro e pede ao seu irmão mais velho, Wally, para salvá-lo cortando seu cabelo.

Wally usa a tesoura, o cabelo se acumula no chão e Beaver pergunta: "Já terminou?"

Quando o espectador vê Beaver pela primeira vez, faltam enormes tufos de seu cabelo. Wally diz: *"Bem, não sei se já terminei, mas acho que é melhor eu parar."*

Você está em uma posição similar quando se trata de concluir sua tomada de decisão. Quando você deve parar de analisar e apenas decidir?

Se a sua meta é ter certeza sobre a sua escolha, você nunca *finalizará*. Buscar a certeza causa a paralisia da análise. O ponto deste capítulo é ajudá-lo a descobrir como chegar a uma decisão mais rapidamente, deixando de lado a certeza como seu objetivo.

Assim que você estabelece que uma escolha é boa o suficiente, independentemente do tempo que levou, se jogou uma moeda para o alto ou se conduziu um longo processo decisório, se as suas opções são indistinguíveis ou se você já tem uma favorita — parte de um bom processo decisório inclui se fazer uma última pergunta:

"Há informações que eu poderia descobrir que mudariam a minha opinião?"

Você joga a moeda e ela decide "Paris". Há informações que você poderia descobrir que o fariam mudar sua escolha para Roma?

Você faz um processo meticuloso para contratação e se decide pelo Candidato A. Há informações que você poderia descobrir que mudariam a sua escolha para um candidato diferente ou fariam com que você continuasse sua busca?

Quase todas as decisões são tomadas com informações incompletas. Essa pergunta final leva você a imaginar quais informações seriam úteis se você fosse onisciente, se tivesse uma bola de cristal.

Se você pudesse atingir um estado de conhecimento perfeito, há algo que o faria mudar de ideia? Se a resposta for sim, pergunte-se se essa informação está disponível na ausência de onisciência ou de poderes psíquicos.

Na maior parte do tempo, a resposta será não. Se você está lutando com a decisão de passar uma semana em Paris ou em Roma, as informações que você precisaria para esclarecer essa decisão seriam o conhecimento prévio de como seriam as férias. Como um mero mortal, sem uma máquina do tempo, esse tipo de informação — e, consequentemente, obter esse tipo de certeza — não está disponível.

Se a resposta for: "Não, não há nenhuma informação que eu possa descobrir", continue e decida. Você terminou. É hora de parar.

Se a resposta for sim e você *pode* encontrar essa informação, pergunte-se se você tem condições de obtê-la.

A informação, mesmo quando disponível, pode ser cara por uma variedade de razões: tempo, dinheiro, capital social.

Se você está pensando em se mudar para Boston a fim de aceitar um novo emprego, *pode* descobrir se você consegue administrar os invernos na cidade, mas isso significa viver em Boston por um inverno antes de decidir. Além do custo de fazer o teste em Boston, a oportunidade de trabalho teria evaporado no momento em que você descobrisse se os invernos são suportáveis. Isso torna a obtenção das informações muito cara.

Se você está contratando alguém, pode sempre entrevistar novamente os candidatos, contratar uma empresa de *headhunter* ou conduzir mais entrevistas com a pessoa que você está pensando. Mas isso não significa que você *deve* fazer todas essas coisas. Essa é a hora em que o trabalho permaneceria vazio. Você também teria que gastar tempo ou dinheiro para fazer essas coisas adicionais. Assim como pode perder seu candidato preferido (ou outros candidatos que entrevistou que passaram no Teste da Opção Única) se prolongar significativamente o processo.

Se você acha que essas informações decisivas estão disponíveis e acredita que vale a pena e você pode pagá-las, vá procurá-las.

Mas, se a resposta for não, apenas siga em frente e decida.

Aqui está um gráfico simples para ajudá-lo a navegar, uma vez que você tenha escolhido a opção, a etapa final em um bom processo de decisão.

PASSO FINAL PARA CADA DECISÃO

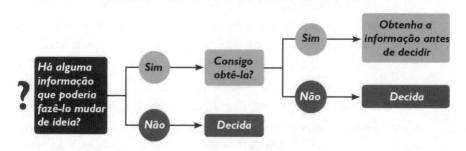

Libertando-se da Paralisia da Análise

[6]
Resumo

Esses exercícios foram projetados para fazê-lo pensar sobre os seguintes conceitos:

- Gastamos muito tempo em decisões rotineiras e inconsequentes. Em média, uma pessoa passa de 250 a 275 horas por ano decidindo o que comer, assistir e vestir; é o equivalente ao tempo que passam no trabalho em 6 ou 7 semanas.

- Existe uma compensação entre a precisão do tempo: aumentar a precisão custa tempo; e economizar tempo custa precisão.

- A chave para equilibrar a compensação entre tempo e precisão é descobrir a penalidade por não tomar a decisão exatamente certa.

- Conseguir um entendimento inicial do impacto da sua decisão (por meio da estrutura de avaliação de possibilidades, pagamentos e probabilidades) identificará situações nas quais a penalidade é pequena ou não existente, dando-lhe margem para sacrificar a precisão em favor de uma decisão mais rápida.

- Reconhecer quando as decisões têm baixo impacto também maximiza as oportunidades para cutucar o mundo, o que aumenta seu conhecimento e o ajuda a aprender mais sobre suas preferências, melhorando a qualidade de todas as suas decisões futuras.

- Você pode identificar decisões de baixo impacto com o Teste de Felicidade, se perguntando se o resultado da sua decisão provavelmente afetará sua felicidade em uma semana, um mês ou um ano. Se o tipo de coisa que está decidindo passar no Teste da Felicidade, você pode acelerar.

- Se a decisão passar no Teste da Felicidade, e as opções se repetirem, você pode ir mais rápido ainda.

- *Freeroll* é uma situação na qual a desvantagem é limitada. Economize tempo decidindo se deseja participar de um; gaste tempo decidindo como executá-lo.

- Quando você tem múltiplas opções que são próximas em potenciais recompensas, essas são decisões de **lobo em pele de cordeiro**. Decisões próximas e de alto impacto tendem a induzir a paralisia da análise, mas a indecisão é, em si, um sinal de que você pode ir mais rápido.

- Para determinar se uma decisão é um lobo em pele de cordeiro, use o **Teste de Opção Única**, se perguntando para cada opção: "Se esta fosse a única opção disponível, eu seria feliz com ela?" Se a resposta for sim para mais de uma opção, você pode jogar uma moeda para o alto, uma vez que não estará errado, independentemente da opção escolhida.

- Aloque seu tempo de decisão usando a **estratégia do menu**. **Passe algum tempo classificando**, determinando quais opções você gosta. Assim que tiver as opções desejadas, **economize tempo escolhendo**.

- Quando você escolhe uma opção, está repassando os ganhos potenciais associados às opções que não escolheu. Esse é o **custo da oportunidade**. Quanto maior o custo da oportunidade, maior a penalidade por fazer escolhas menos certas.

- Você pode arcar com o custo de oportunidade e decidir com mais rapidez sendo mais **ativo**, analisando as decisões por meio da estrutura que lhe permite mudar de ideia, desistir de sua escolha e escolher outra coisa a um custo razoável.

- Decisões com baixo custo para desistir, conhecidas como **decisões de duas vias**, também lhe fornecem oportunidades de baixo custo para fazer decisões experimentais a fim de coletar informações e aprender sobre seus valores e preferências para decisões futuras.

- Quando enfrentar uma decisão com um custo alto e proibitivo de mudar de ideia, tente **empilhar decisões**, tomando decisões de duas vias antes da decisão de via única.

- Você também pode liquidar o custo de oportunidade se puder exercer várias opções **em paralelo**.

- Por você raramente poder abordar a informação perfeita ou estar certo do resultado da sua decisão, você tomará a maioria das decisões enquanto ainda estiver incerto. Para descobrir quando o tempo adicional não é mais provável de aumentar a precisão de uma forma válida, se pergunte: "Há informações adicionais (disponíveis a um custo razoável) que estabeleceriam uma opção claramente preferida ou, se já houver uma opção claramente preferida, fariam com que você altere sua opção preferida?" Se sim, vá procurá-las. Se não, decida e siga em frente.

Libertando-se da Paralisia da Análise

CHECKLIST

Para determinar se você pode decidir mais rápido, faça as seguintes perguntas:

☐ O tipo de coisa que você está decidindo passou no Teste de Felicidade? Se sim, acelere.

☐ Ele passou no Teste de Felicidade *com* opções repetidas? Se sim, acelere mais ainda.

☐ Você está fazendo o *freeroll*? Se sim, aproveite rapidamente a oportunidade, mas demore na execução.

☐ Sua decisão é um lobo em pele de cordeiro, com múltiplas opções que passaram no Teste de Opção Única? Se sim, acelere, mesmo que jogue uma moeda para escolher.

☐ Você pode desistir de sua escolha e escolher uma opção diferente a um custo razoável? Se sim, acelere. Se não, você pode empilhar as decisões?

☐ Você pode exercer múltiplas opções em paralelo? Se sim, acelere.

☐ Há alguma informação adicional (disponível a um custo razoável) que poderia estabelecer uma opção claramente preferida, alterando a sua preferência? Se sim, acelere. Se não, decida.

O Exterminador Estava em *Freeroll*

O Exterminador do Futuro, filme concebido e dirigido por James Cameron, conta a história de um futuro sombrio, em que o surgimento da rede de computadores autoconsciente Skynet tenta acabar com a humanidade. Um movimento de resistência, liderado pelo sobrevivente John Connor, luta contra ela e seu exército de máquinas.

A ação foca Sarah Connor, uma garçonete de Los Angeles em 1984. Ela não sabe disso na época, mas algum dia dará à luz a John Connor. Em 2029, a Skynet manda um robô assassino, um T-800 Modelo 101 (O Exterminador, vivido por Arnold Schwarzenegger) de volta a 1984, para matar Sarah Connor e impedir o nascimento do seu filho. A resistência também envia alguém de volta no tempo, Kyle Reese, um soldado cuja missão é proteger Sarah Connor do Exterminador.

O retorno do Exterminador a Los Angeles de 1984 poderia ter dois resultados: ele poderia matar Sarah Connor, evitando que o inimigo da Skynet nascesse; ou fracassar, caso em que a Skynet ainda assumiria o controle do mundo, iniciaria uma guerra nuclear e destruiria a maior parte da humanidade. Em outras palavras, mesmo se o T-800 fracassasse, a Skynet poderia não ficar pior do que antes. Ela ainda teria que lidar com a resistência liderada por Connor, mas já estava fazendo isso. O pior resultado possível (da perspectiva da Skynet quando enviou o Exterminador em 2029) era o *status quo*.

Mas e se o Exterminador conseguisse matar Sarah Connor? A Skynet estaria muito melhor no futuro.

A Skynet e o Exterminador estavam em *freeroll*.

Por que "Bom o suficiente" é bom o suficiente: *satisficing* vs. maximização

Por sermos capazes de passar muito tempo sendo indecisos (tanto em decisões de baixo quanto de alto impacto), as estratégias neste capítulo são projetadas para ajudá-lo a descobrir quando o tempo adicional gasto em uma decisão não vale a pena. Você quer saber quando uma decisão é "boa o suficiente", particularmente porque você não quer perseguir o ideal ilusório de uma decisão "perfeita" em condições nas quais você está operando em informações imperfeitas.

> ### MAXIMIZAÇÃO
> **Tomada de decisão motivada pela tentativa de tomar a decisão ideal; não decidir antes de examinar todas as opções; tentar fazer a escolha perfeita.**

Tentar chegar o mais próximo de 100% de certeza quanto possível em uma decisão é conhecido como ***maximizar***. A maioria das pessoas tem a tendência de maximizar, gastando muito tempo perseguindo a certeza sobre a sua escolha.

Claro, raramente você pode se aproximar da informação perfeita. Se você está perdendo seu tempo com ganhos ilusórios ou infinitesimais em precisão, está perdendo a chance de gastar aquele tempo onde o retorno é melhor, em melhor classificação, ou fazendo escolhas mais experimentais que fornecem informações de baixo custo para decisões posteriores. É por isso que muitas das estratégias apresentadas neste capítulo são projetadas para guiá-lo em direção a uma abordagem mais realista para decisões conhecidas como ***satisficing*** (um termo, em inglês, feito da combinação de "satisfazer" e "suficiente").

> ### "SATISFICING"
> **Tomada de decisão motivada pela escolha da primeira opção satisfatória disponível.**

A estrutura deste livro deve deixá-lo mais confortável com o *satisficing*, escolhendo opções que são boas o suficiente, vivendo no espaço entre o "certo" e o "errado."

8
O Poder do Pensamento Negativo

Tire um momento e pense sobre algumas crenças que você tinha há dez anos ou mais, que você teria defendido veementemente naquela época, mas que agora, olhando para trás, percebe que não eram tão sólidas.

1 Liste cinco dessas crenças:

1. _____

2. _____

3. _____

4. _____

5. _____

2 Agora reserve um momento para pensar nas crenças que você tem hoje e que defenderia veementemente. Dessas, liste 5 que você acha que são boas candidatas a não serem tão sólidas daqui a 10 ou 20 anos:

1. _____

2. _____

3. _____

4. _____

5. _____

3 O que você achou mais fácil: identificar as crenças que você tinha no passado distante e não considera tão sólidas agora, ou identificar as crenças que tem hoje e são candidatas à dúvida em dez anos? (Marque uma.)

Crenças de 10 anos atrás   *Crenças atuais, em 10 anos*

Se você é como a maioria das pessoas, quando se trata de crenças fortes que você tinha um tempo atrás e que desde então reconsiderou, provavelmente estava procurando mais espaço para escrever, porque podia facilmente pensar em muitos exemplos. Da mesma forma, você provavelmente lutou para encontrar muitas — ou, até mesmo, *quaisquer* — crenças atuais para nomear para futura revisão ou reversão.

Voltaremos a isso mais adiante neste capítulo.

Como Decidir

[1]

Pense Positivo, mas Planeje Negativo:
identificando nossas dificuldades em executar nossas metas

Você faz uma resolução de ano novo de que não ficará até tarde na rua durante a semana. Na segunda semana de janeiro, você está na rua, à meia-noite de uma quarta-feira, celebrando o aniversário de um amigo próximo.

Você não está sozinho em quebrar rapidamente uma resolução de ano novo. Em uma semana, 23% das resoluções de ano novo são abandonadas. E 92% das pessoas *nunca* alcançam suas metas.

Quando se trata de alcançar nossas metas, temos um problema de execução.

Uma coisa é decidir que você vai comer de forma mais saudável. Outra é cumprir a sua promessa de enfrentar o bolo de aniversário de alguém.

Uma coisa é resolver ir à academia todos os dias antes do trabalho. Outra é pular da cama todos os dias antes do trabalho, quando você está enfrentando o botão de soneca.

Uma coisa é você decidir que não entrará em pânico quando o mercado de ações fechar em baixa. Outra é manter o curso quando está enfrentando uma queda de 5%.

Há uma grande diferença entre o que sabemos que temos que fazer para atingir nossas metas e as decisões que realmente tomamos. Carl Richards, um planejador financeiro, chama isso de *lacuna de comportamento*, um termo que ele popularizou em seu livro *Você e Seu Dinheiro*, de 2012.

A lacuna de comportamento trata da execução. A boa notícia é que há ferramentas de decisão que podem ajudá-lo a estreitar a lacuna. O ***pensamento negativo*** é uma das mais efetivas delas.

Tudo isso e imãs de pensamento também: o poder do pensamento positivo

Há um corpo literário enorme e popular no gênero do pensamento positivo, começando com livros como o de Napoleon Hill, *Pense e Enriqueça*, e, é claro, *O Poder do Pensamento Positivo*, de Norman Vincent Peale. O trabalho de Peale é tão popular que seus amigos próximos e entusiastas incluem os presidentes Eisenhower e Nixon. Ele até oficiou o primeiro casamento de Donald Trump.

A premissa dessa literatura é que o pensamento positivo e a visualização positiva aumentam as chances de você ter sucesso. O reverso (às vezes implícito e às vezes explícito) é que o pensamento negativo diminuirá as chances de você ter sucesso ou até mesmo o levará ao fracasso.

A expressão máxima (embora extrema) do pensamento positivo é o livro *O Segredo*. No site do livro diz que ele passou 190 semanas na lista de best-sellers do *New York Times* e teve 20 milhões de cópias impressas. *O Segredo* é o poder do pensamento positivo com esteroides. O livro não apenas afirma explicitamente que existe uma relação casual entre pensamentos positivos ou negativos e sucesso ou fracasso, ele oferece o mecanismo casual: o magnetismo.

De acordo com *O Segredo*, suas ondas cerebrais têm uma ligação magnética que faz com que pensamentos positivos atraiam coisas positivas, e pensamentos negativos, coisas negativas. Imagine um anel de diamantes da maneira certa e seu cônjuge lhe dará um. Imagine um engarrafamento no seu caminho para o trabalho e você ficará frente a frente com ele na manhã seguinte.

(Dica profissional: isso é completamente louco. Seus pensamentos não podem atrair as coisas magneticamente para você.)

Mesmo que o mecanismo casual particular que *O Segredo* postula seja bizarro, a alegação de uma relação casual entre pensamentos e resultados é incontroversa nessa literatura. Praticamente qualquer pessoa que lê esse gênero se afasta razoavelmente, inferindo que pensamentos positivos causam resultados positivos e pensamentos negativos, resultados negativos.

Não confunda o destino com a rota

Uma boa porção da literatura do pensamento positivo pede que você defina um destino positivo e se imagine atravessando a rota, tendo sucesso em todos os pontos. O que está implícito é que, se você imaginar como pode falhar ao longo do caminho, esse fracasso se materializará. Isso combina planejamento de destino e planejamento de rota. Há uma grande diferença entre pensar "fracassarei" e imaginar "*se* eu fosse fracassar, de quais maneiras isso poderia acontecer?".

É importante não confundir os dois.

Imaginar como você pode errar não fará o erro se materializar. Na verdade, há muito valor em imaginar os obstáculos que podem diminuir sua velocidade ou fazer você se perder, evitando que você alcance seu destino.

Você pode pensar nesse valor como a diferença entre usar um antiquado mapa de papel ou um aplicativo de navegação como o Waze. O mapa de papel permite que você veja o destino e as diferentes rotas que podem levá-lo até lá. Mas todas essas rotas aparecem como ruas vazias. Um mapa de papel não pode mostrar estradas fechadas, tráfego intenso, acidentes ou radares. Não pode mostrar obstáculos que podem impedir seu progresso. Mas o Waze pode.

É por esse motivo que, raramente, as pessoas usam mapas de papel hoje em dia.

Como Decidir

Quando se trata de navegação, o pensamento negativo leva você ao seu destino de forma mais confiável.

Waze para tomada de decisão: contraste mental

Há um robusto corpo de pesquisas sobre *contraste mental* que demonstra o poder do pensamento negativo. O contraste mental é o processo de imaginar os obstáculos que podem surgir ao longo do caminho até o seu destino.

É como usar o Waze para a tomada de decisão.

Gabriele Oettingen, uma professora de psicologia da Universidade de Nova York, conduziu mais de duas décadas de pesquisas mostrando que prever as maneiras como as coisas podem dar errado no caminho para alcançar seus objetivos o ajuda a alcançar seu destino com mais sucesso. Por exemplo, em um programa no qual as pessoas estão tentando perder ao menos 22 quilos, aqueles que imaginaram maneiras pelas quais poderiam fracassar perderam, em média, 11 quilos a mais do que aqueles que se engajaram apenas na visualização positiva. Ela descobriu que o contraste mental fornecia um impulso semelhante em uma variedade de domínios,

> **CONTRASTE MENTAL**
>
> Imaginar o que você deseja realizar e enfrentar os obstáculos que podem estar no caminho.

incluindo obter melhores notas, terminar os projetos da escola no prazo, encontrar um emprego, recuperar-se de uma cirurgia e até mesmo convidar o *crush* para um encontro.

Assim como quando você está usando o Waze em vez de um antiquado mapa, você quer ver onde a sua tomada de decisão pode estar errada e onde o azar pode intervir. Então, você não ficará surpreso quando essas coisas acontecerem *e* terá um plano para administrar sua reação quando elas ocorrerem.

Esse é o poder do pensamento negativo.

Apesar das vantagens óbvias do contraste mental, não é uma surpresa que o poder do pensamento negativo não tenha capturado o espírito da época, assim como o poder do pensamento positivo.

Imaginar o sucesso afirma seu senso de competência e sua capacidade de atingir seus objetivos.

E também é muito parecido com experimentar o sucesso — maravilhoso.

A visualização positiva lhe dá um gostinho da emoção que você sente por realmente ter sucesso. Por outro lado, imaginar o fracasso é emocionalmente semelhante a realmente falhar. Somos compreensivelmente *atraídos* por um gênero de autoajuda que nos incentiva a nos sentirmos bem e a evitar nos sentirmos mal.

O Poder do Pensamento Negativo

Mas a pesquisa de contraste mental nos diz que o desconforto temporário de imaginar o fracasso vale a pena, porque abraçar esse desconforto torna *mais provável que você realmente experimente o sucesso.*

A dor mental leva ao ganho no mundo real.

Viagem mental no tempo: você pode ver mais do cume do que da base

Você pode melhorar o processo de contraste ao combiná-lo com uma ***viagem mental no tempo***.

Simplificando, a viagem mental no tempo é a habilidade de se imaginar em algum tempo no passado ou no futuro. Seres humanos viajam no tempo naturalmente, toda hora. Você sonha acordado lembrando de quando era criança ou imagina como será o mundo daqui a 10 ou 20 anos, ou mesmo durante a sua vida. (O planejamento imobiliário é um exercício de viagem mental no tempo.)

> **PERSPECTIVA PROSPECTIVA**
>
> **Imaginar-se em algum tempo no futuro, tendo sucesso ou fracassando em uma meta, e *olhando* para trás a fim de saber como você chegou a esse destino.**

É possível transformar essa coisa orgânica que você faz, imaginando-se no passado ou no futuro, em uma ferramenta de decisão produtiva chamada ***perspectiva prospectiva***.

Uma perspectiva prospectiva potencializa o contraste mental, porque olhar para trás a partir do seu destino é uma maneira mais eficaz de planejar melhor a rota do que olhar para onde você está tentando ir.

Se você quer escalar uma montanha até o cume, tem que começar da base. O que está diretamente à sua frente ocupa a maior parte do seu campo visual e bloqueia uma visão clara das possíveis rotas para o cume e dos obstáculos que você provavelmente encontrará ao longo do caminho. Assim que você alcança o cume, pode olhar para onde começou e ver toda a paisagem, incluindo as árvores caídas ou pedras intransponíveis que eram invisíveis da base. Você pode ver claramente as rotas alternativas que poderiam ter sido mais seguras ou eficientes do que aquela que você percorreu.

> **VIÉS DO *STATUS QUO***
>
> **A nossa tendência a crer que a maneira como as coisas são hoje permanecerão assim no futuro.**

Por isso é útil obter a orientação de alguém que já esteve no cume antes de começar sua escalada.

Quando se trata de tomada de decisão, as condições atuais também desempenham um papel desproporcional em como pensamos, porque temos a tendência de supor que essas condições persistirão. A sensação de que as coisas são agora como sempre serão é conhecida como *viés do status quo*.

Claro, quase tudo muda com o tempo: seu estado emocional, quanto dinheiro ganha ou o clima político. Paradigmas se deslocam, desafios mudam, condições do mercado evoluem e a tecnologia fornece soluções extras enquanto cria novos problemas.

Quando você olha para a frente, a partir do presente, o viés do *status quo* distorce a nossa visão.

Mas, se você planeja a partir de um ponto imaginário no futuro e olha para o presente, pode melhorar sua capacidade de ver além do que está imediatamente à sua frente. Não apenas os obstáculos mais adiante, mas como as condições podem mudar.

O Teste da Felicidade é um exemplo de como a viagem mental no tempo mostra uma perspectiva mais clara. A viagem para o futuro que você faz quando aplica o Teste da Felicidade lembra que algo que parece significativo no presente, como escolher o filme errado ou a entrada errada, desaparecerá de vista assim que o tempo passar.

Outra vantagem da viagem mental no tempo: entender a visão externa

Lembra do começo deste capítulo, quando comparamos suas crenças de 10 anos atrás com as de hoje? Lembre-se de que, no geral, as pessoas têm muito mais facilidade em apresentar coisas nas quais costumavam acreditar do que coisas nas quais acreditam agora, mas que são boas candidatas para mudanças no futuro.

Isso revela uma vantagem adicional da viagem mental no tempo: ela permite que você tenha uma visão externa, vendo-se mais como outra pessoa pode vê-lo.

Todos somos motivados a proteger *nossa própria* identidade. Todos somos motivados a manter nossas crenças intactas. Isso torna difícil nos vermos objetivamente. Você não tem a mesma motivação para proteger a identidade e as crenças de *outras pessoas*.

Olhar para uma versão anterior de você mesmo é um pouco mais como ver uma pessoa diferente, como quando você está ouvindo sua amiga reclamar de todos os idiotas que namorou. Você vê a situação de uma forma mais objetiva e imparcial. Por isso que é fácil chegar com uma lista de crenças que uma versão antiga de você tinha e que você percebe agora que não são tão sólidas.

A retrospectiva prospectiva permite imaginar o seu eu futuro olhando para o seu eu presente. Você pode pensar sobre as metas e decisões "daquela pessoa" mais claramente desse ponto de vista do que quando você está preso na atração gravitacional do momento presente.

[2]

Pre-mortem e Backcasting: se você merece uma autópsia ou uma parada, deve saber o porquê com antecedência

Pre-mortem: uma autópsia *antes* do paciente morrer

Se você já viu um filme policial ou médico, está familiarizado com o *post-mortem*, o exame médico de um cadáver para determinar a causa da morte. Normalmente, as empresas realizam autópsias para identificar as razões de um mau resultado. O objetivo é aprender com os erros do passado.

> ### PRE-MORTEM
>
> **Imaginar-se em algum momento no futuro, tendo falhado em atingir um objetivo, e olhando para trás a fim de saber como você chegou àquele destino.**

Porque o *post-mortem* acontece após o fato, por definição, seus benefícios se limitam a lições para o futuro. E sabemos que a qualidade das lições será imperfeita por causa de vieses como o de resultado.

Mais fundamentalmente, o *post-mortem* é limitado pois *o paciente já está morto* — você não pode ressuscitar o morto. Da mesma forma, a empresa já experimentou o fracasso.

Em parte por essa razão, o psicólogo Gary Klein aconselha o uso de uma ferramenta de decisão que ele chama de *pre-mortem*. Na verdade, um *pre-mortem* permite que você faça o mesmo exame das causas da morte *enquanto o paciente ainda está vivo*. No *pre-mortem*, você imagina que tomou uma decisão específica que resultou mal ou que falhou em atingir uma meta. Do ponto de vista de já ter experimentado o fracasso futuro, você olha para o presente e identifica as razões pelas quais isso pode ter acontecido.

Sua meta é ir à academia todas as manhãs pelos próximos seis meses. Imagine que já passaram os seis meses e você foi à academia apenas três vezes. Por que isso aconteceu?

Você tem um problema de atraso nos prazos e resolve que fará sua próxima tarefa a tempo. Imagine que é um dia após o vencimento do projeto e você não terminou a tarefa. Por que isso aconteceu?

Você fez uma pesquisa e decidiu contratar um candidato em particular. Antes de oferecer o emprego, imagine que daqui a um ano ele terá se demitido. Por que isso aconteceu?

Como conduzir um *pre-mortem* e o que você pode aprender

É assim que você pode implementar o *pre-mortem* como parte do seu processo de decisão (adaptado de Gary Klein):

ETAPAS PARA O *PRE-MORTEM*

(1) Identifique a meta que está tentando alcançar ou uma decisão específica que está considerando.

(2) Descubra um período de tempo razoável para atingir o objetivo ou para a decisão de deixar acontecer.

(3) Imagine que é o dia seguinte após expirar o prazo e você não alcançou a meta, ou a decisão teve um resultado ruim. Olhando para trás do ponto que você imaginou no futuro, liste até cinco razões pelas quais você falhou devido às suas próprias decisões e ações ou as de sua equipe.

(4) Liste até cinco razões pelas quais você falhou graças a coisas fora do seu controle.

(5) Se você está fazendo isso como um exercício de equipe, peça a cada membro para fazer as etapas (3) e (4) independentemente, antes de uma discussão das razões em grupo.

De um modo geral, existem duas categorias de coisas que podem interferir no cumprimento de uma meta:

- *Coisas sob seu controle* — suas próprias decisões e ações ou, como costuma ser o caso em um ambiente de negócios, as decisões e ações da sua equipe.

- *Coisas fora do seu controle* — além da sorte, as decisões e ações de pessoas que você não tem influência.

Um *pre-mortem* efetivo deve produzir razões para o fracasso dentro de cada categoria.

Você precisa chegar a tempo no trabalho amanhã, para uma reunião cedo. Imagine que você está atrasado e perdeu parte da reunião. Por que isso aconteceu?

Razões que têm a ver com a sua própria tomada de decisões: você dormiu demais porque apertou o botão de soneca muitas vezes. Você esqueceu de ligar o despertador. Você deixou uma margem muito pequena para o tráfego. Você estava digitando e dirigindo e se envolveu em um acidente.

Razões fora do seu controle: acabou a bateria e o alarme do seu telefone não tocou. Uma nevasca repentina. Embora, normalmente, haja estradas desobstruídas, ocorreu

O Poder do Pensamento Negativo

um acidente na estrada a caminho para o seu trabalho. Alguém estava digitando enquanto dirigia e bateu no seu carro.

Você se dedica à sua startup, Reino do Pente. Imagine que passou um ano e você fracassou. Por que isso aconteceu?

Razões que têm a ver com a sua própria tomada de decisão: você foi um chefe desagradável e não conseguiu manter empregados valiosos. Quando você foi levantar o capital inicial, fez uma avaliação gananciosa e se recusou a fazer concessões, deixando de levantar dinheiro além da família e dos amigos. Você insistiu em cortar seu próprio cabelo, o que pareceu horrível e deixou uma impressão negativa persistente em potenciais investidores.

Razões fora do seu controle: ocorreu uma recessão justo quando você foi levantar o capital inicial secando o capital da sua *startup*. Uma empresa líder de compartilhamento de caronas se ramificou no mesmo espaço, matando seu negócio.

1 Escolha uma meta que você tem ou uma decisão específica que você está considerando atualmente:

_____

_____

2 Qual é um período de tempo razoável para atingir o objetivo ou tomar uma decisão?

_____

_____

Imagine que, após esse período, as coisas não funcionaram. Por quê?

3 Liste até cinco razões pelas quais isso aconteceu por causa de suas decisões e execução:

1. _____

_____

2. _____

_____

3. _____

_____

4. _____

5. _____

4 Liste até cinco razões pelas quais isso aconteceu por causa de coisas fora do seu controle:

1. _____

2. _____

3. _____

4. _____

5. _____

5 O *pre-mortem* identificou obstáculos que você não identificou antes?

(Marque um.)   SIM   NÃO

Se você é como a maioria das pessoas, fazer o *pre-mortem* o ajudou a identificar algumas razões para o fracasso que não teria pensado de outra forma.

Pesquisas sugerem que, quando você combina a viagem mental no tempo com o contraste mental, pode produzir 30% mais razões do porquê alguma coisa pode falhar. Isso é um *upgrade* óbvio para a sua bola de cristal. O *pre-mortem* aumenta a clareza com que você pode vislumbrar o futuro. E, quanto mais completa for a sua visão do futuro, melhor será a sua tomada de decisão.

O Poder do Pensamento Negativo

O benefício adicional do *pre-mortem* para grupos: Transformando mais cabeças em cérebros

Intuitivamente, achamos que mais cabeças pensam melhor que uma quando se trata de tomar decisões. Por você poder ter decisões de qualidade mais alta ao acessar a visão externa, e parte dessa vive na cabeça de outras pessoas, um grupo — ou seja, mais cabeças — deveria revelar mais da visão externa.

Matemática simples.

Infelizmente, a dinâmica de grupo muitas vezes bloqueia essa vantagem potencial. As equipes, naturalmente, inclinam-se para o pensamento do grupo. Os membros confirmam as crenças uns dos outros. Uma vez que haja uma sensação de que o consenso está sendo alcançado, os membros da equipe (geralmente sem querer) muitas vezes se absterão de compartilhar o que está em sua cabeça, se isso divergir do que o grupo pensa. Às vezes, isso ocorre porque os membros da equipe mudam de opinião sem perceber, esquecendo-se de que nunca discordaram. Outras vezes, eles não querem ser quem "sempre expressa opinião" ou "do contra". Eles querem ser vistos como "membros da equipe" — agradáveis e favoráveis na construção de consenso.

Mesmo que cada membro de um grupo tenha o potencial de obter mais acesso à visão externa, explorando as opiniões divergentes que vivem em várias cabeças, na prática as equipes geralmente acabam com várias cabeças expressando a mesma visão interna.

O *pre-mortem* ajuda as equipes a resolver o problema do pensamento de grupo ao expor e encorajar diferentes pontos de vista. Quando você faz o *pre-mortem* em grupo, ser um bom membro da equipe significa trazer as maneiras mais criativas de como uma decisão pode fracassar, inventando razões pelas quais a opinião consensual está errada.

O *pre-mortem* revela e recompensa a chiadeira.

Se você quiser explorar o universo de coisas que não conhece para ver as coisas que discordam de suas crenças, o *pre-mortem* é uma maneira de fazer isso.

Backcasting: compartilhando o segredo do seu sucesso... com você

É claro que uma visão completa do futuro demanda mais do que só explorar possibilidades negativas. Preparar-se para um dia chuvoso ajuda, mas o clima não ficará assim o tempo todo. Você precisa imaginar por que pode ter sucesso, bem como falhar. Explorar ambos os futuros mostrará a previsão mais precisa.

> ### *BACKCASTING*
>
> **Imaginar-se em algum momento no futuro, tendo conseguido atingir um objetivo, e olhando para trás a fim de saber como você chegou a esse destino.**

Como Decidir

A técnica companheira do *pre-mortem* é conhecida como **backcast**. Quando a executa, você imagina e trabalha para trás a partir de um futuro positivo. Chip Heath e Dan Heath se referem a esse processo como uma *preparação*, imaginando de antemão por que alguém está fazendo um desfile para você.

Na *backcast*, você imagina que sua decisão funcionou, você atingiu seu objetivo e se pergunta: "Por que isso aconteceu?" As etapas para a *backcasting* são similares às do *pre-mortem*.

ETAPAS PARA A BACKCAST

(1) **Identifique a meta que está tentando alcançar ou a decisão específica que está considerando.**

(2) **Descubra um período de tempo razoável para atingir o objetivo ou para a decisão de jogar.**

(3) **Imagine que é o dia seguinte após o período de tempo e você atingiu seu objetivo ou a decisão funcionou bem. Olhando para trás do ponto que você imaginou no futuro, liste até cinco razões pelas quais você teve sucesso devido às suas próprias decisões e ações ou às de sua equipe.**

(4) **Liste até cinco razões pelas quais você teve sucesso devido a coisas fora do seu controle.**

(5) **Se você está fazendo isso como exercício em equipe, peça a cada membro para fazer as etapas (3) e (4) independentemente, antes de uma discussão das razões em grupo.**

Usando a mesma meta ou decisão que você usou para o *pre-mortem*, imagine que você teve sucesso e se pergunte por que isso aconteceu.

1 Liste até cinco razões pelas quais você teve sucesso, por causa das suas decisões e execução:

1. _____

   _____

2. _____

   _____

O Poder do Pensamento Negativo

3. _____

_____

4. _____

_____

5. _____

_____

2 Liste até cinco razões pelas quais você teve sucesso por conta de coisas fora do seu alcance:

1. _____

_____

2. _____

_____

3. _____

_____

4. _____

_____

5. _____

_____

Enquanto você precisa tanto do *pre-mortem* quanto da *backcast* para ter uma visão clara do futuro, a razão da ênfase no pensamento negativo neste capítulo é para encorajá-lo a ir além de imaginar o sucesso. Visualizar um futuro positivo não é difícil para a maioria das pessoas. Provavelmente, você *já está* fazendo a *backcast* o tempo todo.

A relação entre *pre-mortem* e *backcasting* é similar à relação entre as visões externa e interna. Um bom processo decisório começa considerando a visão externa e se ancorando nela, porque você vive naturalmente na visão interna.

> Assim como a precisão reside na interseção entre as visões externa e interna, a visão mais precisa do futuro encontra-se na interseção entre *pre-mortem* e *backasting*.

A visão externa age para disciplinar os vieses cognitivos que residem na visão interna. Da mesma forma, um bom processo de decisão começa com um *pre-mortem* e se ancora nele porque você vive naturalmente em uma *backcast*.

Juntos, eles mostrarão uma imagem integrada do futuro. O *pre-mortem* reduz a tendência natural ao excesso de confiança, à ilusão de controle e a outros vieses cognitivos que nos fazem superestimar as chances das coisas funcionarem. A *backcast* equilibra a visão se você for pessimista por natureza ou pouco confiante.

Mais importante, você está fazendo mais do que apenas *imaginar* sucesso e fracasso. Você está identificando padrões que levam a ambos os resultados e multiplicando os caminhos para acessar o padrão para o sucesso, assim como os obstáculos que você tem que evitar ou administrar.

Transformando *pre-mortem* e *backcast* em uma Tabela de Exploração de Decisão

É útil ver o resultado de um *pre-mortem* e de uma *backcast* em um só lugar. Você pode fazer isso usando uma **Tabela de Exploração de Decisão**.

Você verá que a Tabela de Exploração de Decisão na próxima página também inclui uma coluna para estimar a probabilidade de qualquer razão para a ocorrência do fracasso ou do sucesso. Porque todas essas coisas (com ou sem o seu controle) não são igualmente prováveis, é útil incluir probabilidades como parte da previsão. Combinado com uma estimativa do impacto desses eventos desfavoráveis ou favoráveis, você será mais capaz de priorizar a atenção a cada um.

1 Use a Tabela de Exploração de Decisão abaixo para registrar o resultado do *pre-mortem* e da *backcast* que você acabou de executar. Adicione uma estimativa de probabilidade de cada item ocorrer:

TABELA DE EXPLORAÇÃO DA DECISÃO

	FRACASSO (pre-mortem)	%	*SUCESSO (backcast)*	%
HABILIDADE *(sob seu controle)*	1.		1.	
	2.		2.	
	3.		3.	
	4.		4.	
	5.		5.	

	FRACASSO (pre-mortem)	%	*SUCESSO (backcast)*	%
SORTE *(fora do seu controle)*	1.		1.	
	2.		2.	
	3.		3.	
	4.		4.	
	5.		5.	

Como Decidir

Se você tem um aplicativo de navegação para suas metas e decisões, ele funcionaria como um *pre-mortem* e uma *backcast* e seu resultado seria semelhante à Tabela de Exploração da Decisão. Você identificou duas categorias amplas de eventos futuros (aqueles dentro e fora do seu controle) que podem diminuir ou aumentar as suas chances de fracasso ou de sucesso e fez uma suposição fundamentada sobre a sua probabilidade. Agora você tem um bom mapa do que pode estar no caminho para chegar ao seu objetivo.

Agora que você tem o resultado, como pode usar o que aprendeu com antecedência para melhorar sua probabilidade de sucesso?

A primeira coisa que você deve sempre considerar após fazer esses exercícios é se você quer modificar sua meta ou mudar sua decisão, dado o que acabou de aprender.

Como exemplo, digamos que você trabalhe com uma empresa de dispositivos médicos que planeja vender um de seus dispositivos em um novo mercado no exterior. O *pre-mortem* da sua equipe identifica que o país está considerando novos regulamentos que baniriam o dispositivo. Você prevê que a probabilidade de os regulamentos entrarem em vigor é alta. Você pode decidir não vender o dispositivo nesse mercado até que a incerteza seja resolvida.

Quando você decide que ainda tem boas razões para continuar, mesmo depois de passar por todos esses exercícios, antes da decisão, você pode usar o resultado do *pre-mortem* e a *backcast* para considerar as seguintes ações:

1. Modificar sua decisão para aumentar as chances de acontecerem coisas boas e diminuir as chances de acontecerem coisas ruins.

2. Planejar como você reagirá a resultados futuros, para não ser pego de surpresa.

3. Buscar formas de mitigar o impacto de resultados ruins, se eles ocorrerem.

[3]

Compromisso Sério com Suas Boas Intenções: fazendo um giro de 180° na "estrada para o inferno"

A Tabela de Exploração da Decisão lhe permite identificar decisões e ações que o ajudarão a ganhar terreno até a sua meta, bem como decisões e ações que impedirão seu progresso. Completando esse exercício, você estará agora em posição de descobrir como erguer barreiras para impedir comportamentos que podem interferir no seu sucesso ou baixar barreiras para encorajar comportamentos que podem promover seu sucesso.

Essa ferramenta de decisão é conhecida como **contrato de pré-compromisso**.

> **CONTRATO DE PRÉ-COMPROMISSO**
>
> **Um acordo que o compromete antecipadamente a tomar ou abster-se de certas ações, ou aumentar ou diminuir as barreiras a essas ações. Eles podem ser feitos com outras pessoas (para decisões de grupo ou criar responsabilidade perante outra pessoa) ou consigo mesmo.**

Pré-compromissos desse tipo também são chamados de *Contratos de Ulisses*, com base em uma ação, inovadora à época, por parte de Ulisses, o nome romano para o herói grego de Homero, na *Odisseia*. Ao voltar para casa, ele sabia que seu barco passaria pela ilha das sereias. Ele foi avisado que, se ele ou a sua tripulação ouvissem a canção das sereias, teriam um desejo irresistível de levar a embarcação a bater na costa rochosa da ilha e afundar, matando todos a bordo.

Em outras palavras, ele fez alguns contrastes mentais de qualidade.

Tendo identificado como poderia falhar, Ulisses tomou medidas para se certificar de que não conseguiria agir sob o impulso de se dirigir para a morte. Antes de velejar pela ilha, ele encheu os ouvidos da tripulação com cera de abelha, para que eles não pudessem ouvir a música. Ele também ordenou que o amarrassem no mastro, para que não houvesse como ele se dirigir para a bela, mas mortal canção, quando a ouvisse.

Os *Contratos de Ulisses* podem envolver três tipos de compromissos antecipados:

- Como Ulisses, você pode *se prevenir fisicamente* de tomar decisões ruins.
- Você pode *erguer barreiras*, tornando mais difícil a execução de ações que derrotarão seus objetivos. Quando você ergue barreiras, não está se prevenindo fisicamente de agir, como quando você se amarra em um mastro. Mas você está aumentando o atrito para tornar mais difícil adulterar seus planos. As barreiras elevadas também fornecem um momento para parar e pensar antes de agir.

- Você pode *diminuir barreiras*, reduzindo o atrito para executar ações que o levem ao sucesso.

Contratos de Ulysses que elevam barreiras podem variar de colocar um cadeado na geladeira e manter a chave em um cofre com liberação por tempo a simplesmente declarar suas intenções a um amigo. O cadeado o impede fisicamente de alcançar o interior da geladeira. Contar a um amigo sobre as suas intenções o torna responsável perante outra pessoa, uma barreira que o obriga a permanecer fiel à sua palavra.

É provável que você use alguns contratos de Ulisses para ajudá-lo a cumprir decisões.

Você evita dirigir alcoolizado com um serviço de compartilhamento de caronas ao sair na véspera do Ano-novo, o que o impede de se sentar ao volante no fim da noite.

Você quer chegar a tempo no trabalho, então mantém o alarme do outro lado do quarto, o que cria uma barreira para apertar o botão de soneca e voltar a dormir.

Você decide comer de forma mais saudável e sabe que erra nos lanches tarde da noite. Você pode jogar fora toda a *junk food* da sua casa. Você ainda pode ter comida entregue ou ir ao *drive-thru* mais próximo, mas se livrar das porcarias aumenta o atrito e levanta a barreira para ceder a esse impulso. Você também pode abastecer sua casa com comida saudável ou levar almoço para o trabalho. Isso reduz o atrito e torna mais fácil seguir boas escolhas.

Sua meta é juntar dinheiro para a aposentadoria, mas percebeu que gasta demais com compras impulsivas. Você pode configurar transferências automáticas de seu contracheque para uma conta de aposentadoria. Assim é mais difícil estourar o orçamento.

1 Usando a Tabela de Exploração da Decisão que você criou, liste até três pré-compromissos que você pode fazer para se prevenir fisicamente de agir de forma contrária aos seus planos, ou pré-compromissos que aumentarão ou diminuirão as barreiras para decisões que você deseja desencorajar ou encorajar para si mesmo (ou para a sua equipe):

1. _____

2. _____

3. _____

Contratos de pré-compromisso não são uma garantia de que você jamais vai se desviar do caminho ideal para o seu destino. Diferente de Ulisses, você raramente terá um mastro à mão ao qual possa se amarrar e, assim, garantir que se comporte de uma determinada maneira. Embora os contratos de pré-compromisso não possam garantir que as suas decisões futuras serão perfeitas, eles reduzirão as chances de você se perder. E mesmo pequenos aumentos na qualidade de suas decisões irão se acumular ao longo do tempo, tornando muito mais provável que você chegue ao seu destino.

[4]

O Jogo do Dr. Evil: superando o gênio do mal, certificando-se de não falhar (P.S.: O gênio do mal é você)

Quando você conduz um *pre-mortem*, está considerando uma falha não intencional futura. Sua meta era ter sucesso, mas você fracassou.

Mas e se você imaginou formas pelas quais pode *intencionalmente fazer você mesmo falhar*? Esse seria o exercício final de pensamento negativo, com base no que você aprendeu com a visão retrospectiva.

A ferramenta de decisão para fazer isso é o ***jogo do Dr. Evil***.

No jogo do Dr. Evil (adaptado de Dan Egan), você imagina que ele tem um dispositivo de controle mental e ele o está usando para fazê-lo tomar decisões que garantam o fracasso. Sendo um gênio do mal, Dr. Evil sabe que não pode fazer você falhar a menos que evite ser detectado. Se você tomar uma decisão obviamente ruim, ele será pego. Você e as pessoas à sua volta perceberão que estão tomando decisões ruins e seus planos malignos serão frustrados.

O plano diabólico do Dr. Evil é fazê-lo falhar *e* evitar a detecção. A solução dele é fazer com que você tome decisões perdedoras fáceis de explicar para qualquer instância desse tipo de decisão, mas que garantem o fracasso se você as repetir ao longo do tempo.

Você já encontrou algum trabalho do Dr. Evil quando foi avisado para não tratar um donut grátis como um *freeroll*. É um donut *grátis* — qual seria a grande desvantagem? Comer um único doce não parece fazer com que você perca muito terreno em seu objetivo de comer de modo mais saudável e é uma exceção muito fácil de se justificar. Só com o tempo você pode ver como essas pequenas perdas se acumulam.

É assim que o Dr. Evil pega você. Se ele quiser fazê-lo fracassar em sua meta nutricional, ele não vai entregar um caminhão de cheesecake, pipoca, pizza e sorvete e fazê-lo mergulhar naquilo tudo uma hora após você resolver comer de forma mais saudável.

Em vez disso, você come uma fatia de cheesecake porque está insatisfeito com uma virada em um relacionamento. Um dia ou mais depois, você divide um balde de pipoca, mas é porque você reatou o relacionamento e está se divertindo muito no cinema. Então, você come uma fatia de pizza no trabalho porque estava trabalhando até tarde, estava faminto e o chefe pediu pizza para a equipe. No fim de semana seguinte, todo mundo está tomando sorvete no aniversário do seu sobrinho e você se junta a eles porque não quer parecer rude.

É assim que o Dr. Evil faz você falhar. Ele o leva a fazer escolhas pequenas e ruins que se escondem nas sombras, impedindo-o de ver como tomar essas decisões repetidamente garante o fracasso. Você vê cada instância como única e justificável e não vê como elas se encaixam em um esquema maior.

O Poder do Pensamento Negativo (203)

Quando você aperta o botão de soneca, vê a vantagem de mais cinco minutos de sono. O que você não vê é a desvantagem de uma série de decisões acumuladas que o tornam inseguro ou habitualmente atrasado. O jogo do Dr. Evil ajuda você a acordar para essas categorias de decisões antes de ser assediado por elas.

> ### ETAPAS PARA JOGAR O JOGO DO DR. EVIL
>
> **(1) Imagine uma meta positiva.**
>
> **(2) Imagine que o Dr. Evil controla o seu cérebro, levando-o a tomar decisões que garantirão seu fracasso.**
>
> **(3) Qualquer instância desse tipo de decisão deve ter um fundamento lógico bom o suficiente para não ser notada por você ou por outros examinando essa decisão.**
>
> **(4) Escreva essas decisões.**

O resultado do jogo do Dr. Evil mostra categorias inteiras de decisões que farão você falhar.

Há duas formas de abordar essas categorias, uma vez que você as identificou. Primeiro, você deve entender que esses tipos de decisões requerem atenção especial. Eles precisam ser elevados no seu processo decisório, para que sejam menos reflexivos (onde você deixa de considerá-los no contexto do seu impacto cumulativo prejudicial) e mais deliberativos.

> ### DECISÃO DE CATEGORIA
>
> **Quando você identifica uma categoria de decisões ruins que serão difíceis de detectar, exceto no conjunto, você pode decidir com antecedência quais opções pode e não pode escolher dentre as que se enquadram nessa categoria.**

É importante prestar mais atenção ao contexto quando estiver tomando esse tipo de decisão. Faça a si mesmo perguntas como "Com que frequência tenho feito exceções recentemente" ou "Sentirei que essas exceções valeram a pena em uma semana ou mês?" Essa deliberação adicional fornece a você um momento para parar e pensar, bem como uma chance de fazer uma viagem no tempo a fim de entrar em contato com seu eu futuro.

Essa demanda por contexto é especialmente relevante para decisões em equipe. Os membros da equipe devem ser encorajados a questionar as decisões que têm fundamentos facilmente aceitos, procurando por situações nas quais as exceções têm o potencial de se tornar a regra (e essa regra prejudica o alcance do objetivo original).

Segundo, você pode fazer um pré-compromisso de tirar essas escolhas de suas mãos, tomando uma ***decisão de categoria***.

Você já toma decisões de categoria o tempo todo, com escolhas alimentares. Se tornar vegano é uma decisão de categoria — produtos animais não são uma opção quando você decide o que comer. Se segue a dieta cetogênica, carboidratos simples não são uma opção.

Há uma grande diferença entre dizer "sou vegano" e "quero comer menos carne". No segundo caso, terá que decidir se quer comer carne em todas as refeições. E, cada vez que você toma uma nova decisão, está ao alcance do Dr. Evil.

Uma prática comum entre investidores profissionais de sucesso é tomar decisões de categoria para evitar investimentos fora de seu círculo de competência. Ao encontrarem uma oportunidade do seu campo de especialização, particularmente uma que promete grandes retornos, eles correm o risco de se enganar pensando que podem tomar uma decisão vencedora. A tentação de vagar fora do círculo de competência é especialmente forte se esses limites não estiverem em vigor. Por outro lado, se eles afirmarem, "sou um investidor iniciante" ou "invisto apenas em fundos de investimento imobiliário em reestruturação ou falência", ficam menos propensos a considerar outra coisa.

Quando você toma uma decisão de categoria, está fazendo uma escolha única e antecipada sobre quais opções pode ou não escolher. Isso o protege de uma série de decisões que são vulneráveis aos seus piores impulsos no momento.

1 Para a meta que você considerou na sua Tabela de Exploração de Decisão, liste até três maneiras que o Dr. Evil pode fazê-lo fracassar. A justificativa para cada decisão deve ser suficientemente razoável para que alguém de fora, olhando para dentro, provavelmente não questionasse se não visse a decisão no contexto de outras decisões semelhantes.

1. _____

2. _____

3. _____

2 Descreva ao menos uma decisão de categoria que você pode fazer como um pré-compromisso para mantê-lo longe dessas situações "únicas":

_____
_____
_____
_____
_____
_____
_____

UMA COISA QUE VOCÊ DEVE reconhecer no jogo do Dr. Evil é que o gênio do mal é *você*. As razões pelas quais ele surge são exatamente como você sabota sutilmente a si mesmo.

O Dr. Evil não chega com uma lâmina de guilhotina cortando sua cabeça. Em vez disso, é uma morte sofrida e lenta. Em qualquer caso particular, sua decisão é fácil de justificar. Ele lhe dá um bom motivo para fazer uma escolha que o faz perder um pouco no caminho para alcançar seu objetivo. Então, ele acumula muitas decisões, matando seus planos aos poucos, sem permitir que você se dê conta de que está se prejudicando.

Quando você faz decisões de categoria, como com outros tipos de pré-compromissos, nem sempre tomará uma decisão que cai no lado certo da categoria. Mas adotar decisões de categoria reduzirá significativamente a probabilidade de você se desviar, e esses ganhos se somarão com o tempo.

[5]

A Festa Surpresa Que Ninguém Quer:
quando a sua reação a um resultado ruim torna as coisas piores

Outro provável obstáculo para atingir uma meta é a forma como você reage a um resultado ruim. Sua tomada de decisão é frequentemente prejudicada na sequência imediata de um resultado ruim. Ao planejar como você lidará com as batalhas do futuro, você pode gerenciar melhor esses contratempos e evitar piorar os resultados ruins.

Logo após um resultado ruim, especialmente devido a algo fora do seu controle, você pode ficar emocionalmente comprometido. Os centros emocionais do seu cérebro ficam excitados, aumentando a probabilidade de você tomar decisões erradas. Quando ativadas, as partes emocionais do cérebro inibem as partes responsáveis pelo pensamento racional. Desligar essas partes do seu cérebro compromete a qualidade de qualquer decisão que você tome nesse estado.

Esse estado emocional fervilhante é chamado *tilt*. Quando se encontra em *tilt*, você está mais suscetível a tomar decisões que fazem a situação ruim ficar pior.

Você cria um portfólio diversificado para seus investimentos. O mercado de ações cai 5% em um mês, então você realoca seu dinheiro fora do caixa e títulos e investe em ações, a fim de repor o buraco. Em uma semana, o mercado cai mais 5%, levando-o ao pânico e, assim, vendendo todas as suas ações imediatamente.

> ### *TILT*
> **Quando um resultado ruim faz com que você fique em um estado emocionalmente fervilhante que compromete a qualidade de sua tomada de decisão.**

Esse é o *tilt*.

Existem algumas maneiras pelas quais sua tomada de decisão pode ser comprometida quando você está em *tilt*.

Como exemplo, digamos que você se compromete a optar por comidas mais saudáveis. Uma semana depois, você come alguns donuts na sala de descanso. Muitas pessoas respondem a essa decisão ruim dizendo: "Sim, aposto que hoje foi dose." Em seguida, elas se alimentam de *junk food*, pensando que começarão de novo no dia seguinte... ou na próxima semana... ou talvez na resolução de ano-novo do *ano que vem*. Esse é o *efeito que diabos*.

Ou digamos que as coisas não estão indo bem em algum projeto no qual você já investiu muito de seus recursos. É improvável que você desista nessas situações, mesmo quando um observador objetivo veria que desistir é apropriado. Na esteira de um resultado ruim, é difícil ver a situação racionalmente. Se você pudesse obter a visão externa, desistiria, só que não, porque você está preso na visão interna. Essa é a *falácia de custo irrecuperável*, outro exemplo de *tilt*.

Formas de se preparar para contratempos

Quando você considera como poderia responder a resultados negativos *antes que aconteçam*, provavelmente você está pensando mais racionalmente. É mais fácil definir o curso de ação apropriado antes de as coisas darem errado do que depois que elas dão errado.

Identificar como as coisas podem dar errado ajuda a reduzir o *tilt* de três formas.

Primeiro, identificar os resultados ruins com antecedência pode reduzir o impacto emocional que esses resultados terão em sua tomada de decisão quando ocorrerem. Ele muda seu quadro de "Eu não acredito que isso aconteceu comigo" para "Isso aconteceu, mas eu sabia que existia a possibilidade". Quando você alcança o último estado após um resultado ruim, é menos provável que você entre em *tilt*. Essa pode ser uma das razões de por que o contraste mental melhora os resultados, como descobriu Gabriele Oettingen, porque você chega a um acordo com antecedência com o fato de que as coisas podem não funcionar.

Segundo, você pode aprender a reconhecer os sinais de que está em *tilt*, então pode identificá-lo e enfrentá-lo mais rápido. Isso envolve fazer um *inventário* das condições que você reconhece de instâncias anteriores, quando foi emocionalmente prejudicado: sua face está corada? Você tem problemas para manter seus pensamentos corretos? Você se ocupa de falar sozinho sobre como as coisas ruins sempre acontecem com você ou (como o viés retrospectivo) como devia ter visto aquilo vindo? Você leva as coisas para o lado pessoal, se torna conflituoso, usa uma linguagem específica ou se envolve em alguns outros padrões de pensamento quando é guiado pela emoção?

Todos temos sinais diferentes, mas você pode aprender a identificá-los quando acontecerem com você. Quando você tiver feito o inventário de *tilt* e começar a verificar essas condições, comprometa-se a fazer alguma viagem mental no tempo para ajudá-lo a ver sua situação do ponto de vista externo. Essencialmente, recrute seu eu futuro para ajudá-lo a acalmar seu eu presente.

Quando você reconhecer os sinais de *tilt*, pergunte-se: "Em uma semana (mês ou ano), estarei feliz com quaisquer decisões que tomar agora?" Você também pode aplicar o Teste da Felicidade. Essa viagem no tempo o ajuda a ter uma perspectiva melhor, criando um momento para parar e pensar que reduzirá as chances de tomar uma decisão comprometida. Além disso, esse tipo de viagem no tempo recruta as partes do cérebro onde vive o pensamento racional inibindo a sua resposta emocional.

Como Decidir

Terceiro, você pode se comprometer previamente com certas ações que tomará (ou se absterá de tomar) na sequência de resultados ruins. Isso equivale a amarrar as mãos ao mastro para evitar decisões emocionais. Por exemplo, se você identificou que toma decisões ruins após quedas repentinas no mercado de ações, peça a alguém para executar negociações para você, a fim de evitar que você faça negociações impulsivas.

Assim como outros compromissos prévios, você pode definir critérios antecipados de como reagirá. Se você acha que pode cair na falácia do custo irrecuperável, recusar-se a desistir quando desistir é a resposta apropriada, então apresente com antecedência as condições sob as quais você desistiria. Anote-as e comprometa-se a mudar o curso quando essas condições surgirem. Isso é particularmente eficaz em um ambiente de equipe.

Ou você pode planejar como lidará com o efeito que diabos. Se você está se comprometendo a comer de forma mais saudável, é fácil reconhecer que você nem sempre tomará decisões perfeitas. Quando você se imaginar vacilando e sucumbindo ao donut da sala de descanso, pode se comprometer antecipadamente a não deixar uma decisão errada atrapalhar seu objetivo. Isso funciona especialmente bem se você criar responsabilidade declarando suas intenções a outras pessoas.

1 Volte à sua Tabela de Exploração de Decisão e escolha uma das formas como o azar poderia intervir. Use o espaço abaixo para criar um pré-compromisso de como você reagirá ao azar:

_____

_____

_____

_____

_____

_____

_____

O Poder do Pensamento Negativo

O *Tilt* ABRANGE VÁRIOS TIPOS de reações emocionais a resultados *ruins*. Você deve reconhecer que resultados inesperadamente *bons* também têm o potencial de comprometer a sua tomada de decisão.

> **Considere usar as mesmas ferramentas, a fim de se preparar com antecedência para sua reação a resultados inesperadamente positivos, que você usa para os inesperadamente ruins.**

Você espera até o último minuto antes de escrever um artigo ou estudar para uma prova; você tira 10 e agora acha que pode esperar até o último minuto para estudar para a próxima prova.

Sua empresa está em apuros, então você é forçado a contratar alguém imediatamente, sem considerar vários candidatos ou aprender muito sobre sua contratação de emergência. Ele se torna um funcionário excepcional, então você decide que é um rápido juiz de caráter, que pode escolher futuros funcionários sem um processo para atrair bons candidatos ou conduzir entrevistas.

Na esteira dos resultados de investimento positivos, você superestima sua capacidade de escolher ações ou acredita que não precisa mais da rede de segurança da diversificação.

[6]

Desviando dos Tiros e Flechas da Ultrajante Fortuna: "Se você não pode superá-los... mitigue-os"

Você pode pensar que, porque a sorte é, por definição, algo que não pode controlar, a única coisa que você pode fazer quando identifica onde o azar pode intervir é planejar sua reação e manter suas emoções sob controle.

Mas isso não é verdade.

Quando você identifica a possibilidade de azar, há coisas que pode fazer antecipadamente para diminuir seu impacto. Essas coisas são chamadas **coberturas**.

Ela possui três características principais:

1. Reduz o impacto do azar quando ele ocorre.

2. Tem um custo.

3. Você deseja nunca usá-la.

Isso se parece muito com uma apólice de seguro. E, de fato, é um exemplo clássico de uma cobertura. Quando você contrata um seguro residencial, há obviamente um custo para esse seguro. Mas, se um incêndio destruir sua casa, o seguro pagará a maioria dos custos financeiros. Como qualquer um que tem seguro residencial reconhece, você está pagando por algo que deseja jamais ter que usar.

Uma das coisas que resulta de um *pre-mortem* é identificar lugares onde o azar pode intervir. Você deve avaliar ativamente as oportunidades de se proteger contra ele.

Há muitas coberturas disponíveis em situações cotidianas.

Se o desejo do seu coração é se casar ao ar livre, um *pre-mortem* pode lembrá-lo de que uma tempestade pode arruinar o dia. Uma vez

> **COBERTURA**
>
> **Pagar por algo que você espera jamais usar para amenizar o impacto de um evento negativo.**

que o casamento dos seus sonhos é ao ar livre, você pode ter uma cobertura ao alugar e montar uma tenda, caso chova. O aluguel custa dinheiro e você está desejando não ter que usar a tenda, mas seu dia será salvo se o azar acontecer.

Ir mais cedo ao aeroporto e ganhar um tempo extra para pegar o voo é uma cobertura. O custo é o tempo que você pode ter que passar no aeroporto, mas, se houver tráfego intenso, um acidente ou um longo atraso para passar pela segurança, você não perderá seu voo.

O Poder do Pensamento Negativo 211

Quando Ivan Boesky estava supostamente pedindo cada item do menu no Tavern on the Green, ele estava evitando a chance de que o único prato que pudesse pedir fosse ruim. Obviamente, custava muito dinheiro pedir o menu inteiro apenas para compensar o risco de pedir um item que você não gosta. Para a maioria das pessoas, o custo de tal cobertura seria irracional.

Você pode executar uma versão menos extravagante da cobertura de Boesky se você e um amigo pedirem entradas diferentes e concordarem em compartilhar. Mas repare que ainda há um custo: se você gostar do seu prato, terá que dar metade dele.

A qualquer momento em que você exercitar opções em paralelo, estará usando a cobertura. Cada opção adicional tem um custo, mas ela mitiga o efeito de outras coisas que você está fazendo e não estão funcionando.

1 Usando seu *pre-mortem* da Tabela de Exploração de Decisão, escolha uma das formas que você identificou que a sorte pode interferir em seus planos:

_____

2 Explique como você pode amenizar o efeito daquele azar com uma cobertura:

_____

_____

_____

QUANDO VOCÊ PENSA EM UMA COBERTURA, está naturalmente focado em pesar seu custo diante do benefício de reduzir o impacto de um resultado ruim. *Mas você também deve pensar com antecedência sobre como se sentirá se não usar a cobertura.* Ao pagar por uma cobertura que acabará não usando, porque não choveu ou sua casa nunca queimou, pode se arrepender de ter pago por ela em primeiro lugar. Pode sentir que deveria saber que não precisava disso.

Mas isso é apenas viés retrospectivo.

Considere esse arrependimento irracional com antecedência para que você possa lembrar por que pagou pela cobertura em primeiro lugar e, então, evitará a armadilha da visão retrospectiva.

[7]
Resumo

Esses exercícios foram feitos para fazê-lo pensar sobre os seguintes conceitos:

- Somos muito bons em estabelecer metas positivas para nós mesmos. Quando falhamos é na execução das coisas que precisamos fazer para alcançá-las. A lacuna entre as coisas que sabemos que devemos fazer e as decisões que tomamos posteriormente é conhecida como **lacuna de comportamento**.

- A mensagem do **poder do pensamento positivo** é que você terá sucesso se imaginar-se tendo sucesso. Seja explicitamente ou por inferência razoável, a mensagem também é que o fracasso é resultado de pensar sobre o fracasso.

- Apesar da importância de definir metas positivas, a visualização positiva sozinha não mostrará a melhor rota para o sucesso. O **pensamento negativo** o ajuda a identificar coisas que podem atrapalhar seu caminho para que você possa identificar maneiras de chegar ao seu destino com mais eficiência.

- Pensar sobre como as coisas podem dar errado é conhecido como **contraste mental**. Você imagina o que quer cumprir e confronta as barreiras no caminho do cumprimento.

- Você pode identificar mais potenciais obstáculos ao combinar o contraste mental com a **viagem mental no tempo**, se imaginando no futuro tendo falhado em alcançar uma meta e, então, *olhar para trás* para o que o levou àquele resultado.

- Olhando para trás de um futuro imaginado, a rota que o levou até lá é chamada de **retrospectiva prospectiva**.

- O *pre-mortem* combina a retrospectiva prospectiva com o contraste mental. Para fazer o *pre-mortem*, você se coloca no futuro e imagina que fracassou em alcançar seu objetivo. Então, você considera as razões potenciais para as coisas não terem funcionado.

- Além de ajudar individualmente, o *pre-mortem* pode ajudar as equipes a minimizar o pensamento coletivo e maximizar o acesso à visão externa, ao extrair maior diversidade de opiniões. Isso é especialmente verdadeiro se os membros da equipe fizerem o *pre-mortem* independentemente, antes de discuti-la em grupo.

- A técnica companheira do *pre-mortem* é a **backcasting**, na qual você trabalha para trás a partir de um futuro positivo para descobrir por que teve sucesso.

O Poder do Pensamento Negativo

- Você pode transformar o resultado de *pre-mortem* e *backcasts*, para fácil referência, em uma **Tabela de Exploração de Decisão**, que também inclui uma estimativa das razões para o fracasso e o sucesso ocorrerem.

- Dado o que você aprendeu ao criar a Tabela de Exploração de Decisão, a primeira coisa a perguntar é se você deve modificar sua meta ou mudar sua decisão.

- Depois de estabelecer que você está cumprindo sua meta ou sua decisão, pode criar **contratos de pré-compromisso**, que aumentam as barreiras ao comportamento que interferem no seu sucesso ou reduzem as barreiras para encorajar um comportamento que promova seu sucesso.

- Você também pode se preparar para reagir a contratempos ao longo do caminho para atingir seu objetivo. As pessoas aumentam os resultados negativos tomando decisões ruins após um resultado ruim. O *tilt* é uma reação comum que ocorre após um resultado ruim. O **efeito que diabos** e a **falácia do custo irrecuperável** são exemplos de *tilt*. Planejar sua reação permite que você crie pré-compromissos e estabeleça critérios para mudanças de curso, além de amortecer sua reação emocional na esteira de um revés.

- **O jogo do Dr. Evil** ajuda a identificar e abordar outras maneiras pelas quais seu comportamento no futuro pode prejudicar seu sucesso. No jogo, você nota as formas como o Dr. Evil pode controlar sua mente para *fazer* você falhar por meio de decisões que são justificáveis uma vez, mas injustificáveis ao longo do tempo.

- O jogo do Dr. Evil pode encorajá-lo a adotar um pré-compromisso chamado **decisão de categoria**, em que você decide antecipadamente quais opções pode e não pode escolher quando se depara com uma decisão que se encontra nessa categoria.

- Você também pode lidar com o potencial azar fazendo uma **cobertura**, pagando por algo que atenua o impacto de um evento negativo que esteja ocorrendo.

CHECKLIST

Tente melhorar sua probabilidade de sucesso para uma meta que você definiu ou uma decisão que envolve execução futura fazendo o seguinte:

☐ Execute um *pre-mortem* ao (a) descobrir um período razoável para alcançar a meta ou para a decisão ser tomada; (b) imagine que é o dia seguinte após aquele período e você não alcançou a meta ou a decisão não funcionou; (c) olhar para trás daquele ponto no futuro e descobrir as razões pelas quais você fracassou, divididas em "habilidade" (dentro do seu controle) e "sorte" (fora do seu controle).

☐ Faça uma *backcast* realizando o mesmo exercício, mas imaginando que alcançou a meta ou teve sucesso na decisão.

☐ Combine o resultado do *pre-mortem* e da *backcast* em uma **Tabela de Exploração da Decisão**, incluindo uma estimativa da probabilidade de cada item na tabela acontecer.

☐ Pergunte se você deve modificar sua meta ou mudar sua decisão, baseado nos resultados do *pre-mortem* e da *backcast*.

☐ Determine se há algum **contrato de pré-compromisso** que você pode criar para reduzir as chances de tomar decisões ruins e aumentar as chances de tomar boas decisões.

☐ Planeje com antecedência como você procederá se algum dos motivos da falha que você identificou por meio do *pre-mortem* acontecer.

☐ Jogue o **jogo do Dr. Evil** para determinar como você pode ficar aquém do seu objetivo, tomando decisões futuras que são individualmente justificáveis, mas em conjunto farão você fracassar.

☐ Considere adotar **decisões de categoria** que reduzirão as chances de você tomar as decisões do Dr. Evil.

☐ Avalie o que você pode fazer para **proteger-se** do impacto da má sorte.

O Poder do Pensamento Negativo (215)

Darth Vader, Líder da Equipe: encarnação do Lado Sombrio da Força ou herói desconhecido do pensamento negativo?

Qualquer um que tenha familiaridade com os filmes de *Star Wars* concordaria que Darth Vader não é alguém que você quer como chefe. Seu movimento de liderança é encerrar discussões usando a Força para sufocar funcionários insatisfeitos.

Considerando isso, você pensaria que ele não estaria particularmente interessado em ouvir opiniões divergentes. Mas, surpreendentemente, Darth Vader é um defensor do pensamento negativo.

No filme original (posteriormente subtitulado *Uma Nova Esperança*), os Rebeldes têm sucesso em parte ao roubar os planos para a Estrela da Morte e identificar uma fraqueza: um torpedo atingindo uma pequena porta de escape externa pode desencadear uma reação em cadeia fatal. Luke Skywalker, como parte do ataque Rebelde à Estrela da Morte, usa a Força para escolher o momento exato para disparar o torpedo, atingindo a porta de escape e destruindo a Estrela da Morte.

E se o Império Galático tivesse feito um *pre-mortem*? Os Rebeldes vasculharam esses planos para encontrar uma vulnerabilidade, enquanto o Império acreditava que a Estrela da Morte era invulnerável.

O comandante da Estrela da Morte fala para Darth Vader: "Qualquer ataque feito pelos Rebeldes contra esta estação seria um gesto inútil, não importa quais dados técnicos eles tenham obtido. Esta estação é, agora, o poder máximo do universo."

Darth Vader, enfrentando um caso clássico de viés de excesso de confiança, é a voz do contraste mental: "Não seja tão orgulhoso deste terror tecnológico que você construiu. A capacidade de destruir um planeta é insignificante perto do poder da Força."

Quando o comandante insiste em sua recusa de considerar um pensamento no estilo *pre-mortem*, Vader usa a Força para esganá-lo até que ele fique azul. Não é um estilo de gestão que qualquer local de trabalho deva tolerar, mas pelo menos ele entendeu o problema do excesso de confiança e a importância de conduzir um *pre-mortem*. Infelizmente para o Império Galático, sua mensagem caiu em ouvidos moucos (e gargantas esganadas).

Como Decidir

Dr. Evil na Quarta Descida

O dispositivo de controle mental do Dr. Evil está em toda a parte, alcançando até a *National Football League* (liga de futebol americano dos Estados Unidos). A maioria das equipes tem análises excelentes para estimar o efeito na probabilidade de vitória se tentarem a quarta descida ou chutar (fazendo um *punt* ou tentando um *field goal*, dependendo da posição no campo). Os dados mostram que muitas vezes faz sentido, mas sabemos que os treinadores da NFL nem sempre seguem a análise. Quando eles substituem a análise, é quase sempre de forma conservadora, chutando em vez de irem em frente.

Treinadores são responsáveis por ficarem em cima da situação da sua equipe no momento, o que os permite ter justificativas que parecem razoáveis para explicar por que é mais provável que falhem do que as estatísticas podem sugerir: o momento não estava bom, o *running back* não encontrava uma brecha, a linha ofensiva estava vacilando.

Observe que raramente vai para o outro lado, onde o treinador segue em frente quando a análise favorece o chute. Por isso, você pode dizer que essa é uma decisão do Dr. Evil. Em qualquer decisão de quarta descida, é difícil argumentar quando o técnico lhe diz que anulou a análise por causa de um fator do jogo. Mas, se observar que o treinador se inclina para a escolha conservadora toda vez que há uma fuga estreita, você saberá que é trabalho do Dr. Evil.

9

Higiene da Decisão

SE VOCÊ QUER SABER O QUE ALGUÉM PENSA, PARE DE INFECTÁ-LO COM O QUE VOCÊ PENSA

HOSPITAL GERAL DE VIENA, ENFERMARIA OBSTETRÍCIA, 1847

Ocupando seu primeiro cargo de gestão médica, o doutor Ignaz Semmelweis tentava descobrir por que tantas mães de recém-nascidos estavam morrendo de sepse puerperal, conhecida como febre puerperal.

As condições do hospital tinham pouca semelhança com as de hoje. Os médicos usavam aventais cirúrgicos incrustados com os restos mortais sangrentos de pacientes anteriores e faziam isso com orgulho. A vestimenta de um cirurgião era um currículo horrível, uma exibição gráfica de experiência. Ninguém pensava que havia algo de errado com estudantes de medicina lidando com cadáveres e fazendo partos em uma sala adjacente, tudo sem lavar as mãos.

Quando um dos colegas de Semmelweis se cortou acidentalmente durante uma autópsia e morreu de febre puerperal dias depois, ele levantou a hipótese de que as mãos sujas dos médicos e estudantes manuseando cadáveres antes de fazer um parto causaram a morte de tantas novas mães. Ele instituiu uma política de lavagem de mãos e a taxa de mortalidade de febre puerperal caiu de 16% para 2%.

Em um notável caso de raciocínio motivado, seus superiores negaram as provas, insultados com a acusação de que suas mãos sujas poderiam ser responsáveis pela morte de pacientes. "Os médicos são cavalheiros, e suas mãos são limpas", disseram.

Ele perdeu o emprego, bem como duas nomeações posteriores em que introduziu políticas semelhantes e obteve resultados parecidos. Ele morreu em um sanatório público em 1865, com 47 anos de idade. Como um insulto final, provavelmente morreu por conta de uma infecção não tratada.

Sabemos hoje que Ignaz Semmelweis estava certo sobre o risco de infecções e sua propagação por contágio. Assim como germes de um cadáver podem contaminar um paciente saudável, suas crenças e opiniões podem infectar outras pessoas, contaminando o feedback que você está tentando obter.

Médicos lavam as mãos entre procedimentos para reduzir a mortalidade. Ao praticar a boa higiene da decisão, você pode conter a propagação de infecções causadas ao expressar sua opinião.

Nos próximos dias, faça o seguinte experimento: pense em algo acontecendo no mundo que a maioria das pessoas conheça e peça suas opiniões. Pode ser algo que as pessoas provavelmente tenham uma variedade de pontos de vista. Pode dizer respeito a um desenvolvimento de notícia, uma questão política ou candidato, ou mesmo algo na cultura popular, como um filme ou programa de TV recente.

1 Escolha o tópico que você perguntará. Use o espaço abaixo para escrever a sua opinião sobre o assunto antes de perguntar a opinião dos outros:

___

___

___

2 Para metade das pessoas, quando você pedir a opinião delas, diga a sua antes delas responderem. Provavelmente, isso é o que você faz naturalmente. Por exemplo, se está pedindo a opinião sobre *Forrest Gump*, você deve dizer: "Não acho que deveria ter ganhado o Oscar de melhor filme ou recebido tanta aclamação e importância da crítica. O que você acha?"

Pergunte a, pelo menos, três pessoas e anote as suas opiniões.

Entre as pessoas desse grupo (incluindo você), quanta concordância houve sobre o assunto?

Pouquíssima   0   I   2   3   4   5   *Muita concordância*

Como Decidir

3 Para a outra metade das pessoas, peça a opinião delas sem dizer a sua primeiro. Se você está perguntando sobre *Forrest Gump*, pergunte: "O que você acha de *Forrest Gump*?"

Pergunte a, pelo menos, três pessoas e anote suas opiniões.

Entre as pessoas desse grupo (incluindo você), quanta concordância houve sobre o assunto?

Pouquíssima   0   1   2   3   4   5   *Muita concordância*

4 Compare a quantidade de concordância nos dois grupos. Houve diferença? (Marque um.)

Houve mais concordância no primeiro grupo   *Houve mais concordância no segundo grupo*   *Houve o mesmo nível de concordância dentro dos grupos*

5 Alguém do segundo grupo pediu a sua opinião antes de se dispor a dar a resposta? Em outras palavras, alguém perguntou "O que você acha?" antes de dar a resposta? (Marque um.)   SIM   NÃO

SE VOCÊ É COMO A MAIORIA DAS PESSOAS, descobriu que houve mais concordância no primeiro grupo (quando você deu a sua opinião primeiro) do que no segundo. Além disso, se você é como a maioria das pessoas, ao menos uma pessoa no segundo grupo perguntou o que você pensava antes de se dispor a lhe dizer o que pensava.

Isso mostra que a crença é contagiosa.

Você já sabe que, quando examinamos o universo das coisas que não conhecemos (incluindo coisas que vivem na cabeça de outras pessoas), gostamos de olhar para a parte que concorda conosco. O problema em oferecer sua opinião primeiro quando solicitamos o conselho de outrem é que isso aumenta significativamente a probabilidade deles expressarem a mesma crença de volta para você. É também, por isso, que é provável que alguém no segundo grupo tenha pedido a sua opinião antes de dar a resposta, a fim de evitar discordar de você acidentalmente, o que não seria bom.

Concordância é bom. Discordância, ruim.

Esse desejo de que as pessoas concordem com o que as outras estão dizendo é tão forte que você pode até fazê-las expressarem concordância com uma crença que é objetiva e claramente incorreta.

Solomon Asch, um dos psicólogos mais influentes do século XX, realizou uma clássica série de experimentos, e começou pedindo às pessoas que identificassem qual das linhas à direita tem o mesmo comprimento que a linha à esquerda.

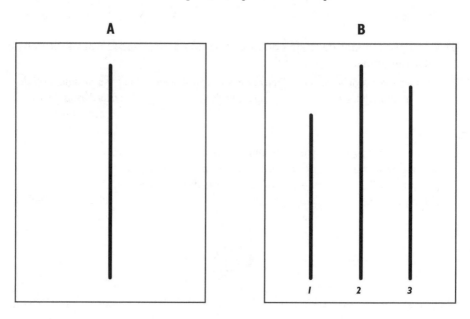

Esse é um inequívoco teste de percepção, no qual você está pedindo às pessoas para dizerem o que podem ver com os próprios olhos. Quando você pergunta a elas de forma independente, em um ambiente fora do grupo, mais de 99% das pessoas dizem que a linha do meio à direita tem o mesmo tamanho da linha da esquerda.

Mas o que acontece quando alguém pede a sua opinião em um ambiente de grupo e várias pessoas dão a mesma resposta errada antes de ser a sua vez de responder? (Por exemplo, muitas pessoas respondem que a linha mais à direita tem o mesmo tamanho da linha à esquerda antes de você dar sua resposta.)

Isso era exatamente o que Solomon Asch queria encontrar. As primeiras pessoas a darem suas respostas no experimento foram "plantadas", avisadas com antecedência para darem e repetirem a mesma resposta. Depois de ouvir esses cúmplices darem a mesma resposta, obviamente incorreta, 36.8% dos sujeitos reais concordaram com ela e o grupo.

Se isso acontece para algo tão objetivamente claro, como os diferentes comprimentos de duas linhas, imagine o quão grande é a influência para questões que são mais subjetivas, como a chance de um candidato a emprego ter uma boa adequação cultural.

Isso mostra como você deve ter cuidado com o contágio de suas próprias crenças ao obter o feedback de outras pessoas. O que eles dizem a você pode não ser verdade para o que vive em suas cabeças. Uma das melhores ferramentas para melhorar sua tomada de decisão é obter as perspectivas de outas pessoas. *Mas você só pode fazer isso se obtiver a perspectiva real delas, em vez de sua perspectiva repetida de volta para você.*

[I]

"Duas Estradas Divergiram": a beleza de descobrir onde as crenças de outras pessoas diferem das suas

Imagine se você pudesse criar um mapa de fatos e opiniões que vivem na cabeça de alguém e comparar com o seu próprio mapa. Você encontraria lugares que se sobrepõem a lugares que divergem. Se há algo que você aprendeu com este livro é que a maneira como interage naturalmente com o mundo torna muito mais provável que você veja os lugares onde os mapas se sobrepõem, observando as coisas que concordam com você e ativamente procurando-as também.

Provavelmente, você também já descobriu que *as coisas interessantes acontecem onde os mapas divergem.* É onde você encontra a informação correta e as coisas que não sabe. Explorar as divergências lhe permite ficar mais próximo do que é objetivamente verdade.

Onde os mapas divergem e a sua opinião está distante da opinião de outra pessoa, três coisas podem ser verdade e todas são boas para melhorar a qualidade de suas decisões:

1. *A verdade objetiva está em algum lugar entre as duas crenças.*

   Quando duas pessoas são bem informadas igualmente e têm opiniões opostas, a verdade muito provavelmente está entre elas. Quando for esse o caso, é óbvio que ambas se beneficiam por terem descoberto a divergência. Elas têm a oportunidade de moderar suas crenças e se aproximar da verdade objetiva.

2. *Você pode estar errado e a outra pessoa, certa.*

   Se você tiver uma crença incorreta, a qualidade de qualquer decisão com base nela será prejudicada. Pessoas racionais aceitariam a chance de mudar uma opinião imprecisa, mas sabemos que elas gostam tanto de saber que estão erradas quanto os médicos gostaram de Semmelweis dizendo que eles estavam matando pacientes por não lavar as mãos. Por mais doloroso que seja descobrir que algo que você acredita está errado, a chance de mudar isso melhorará a qualidade de cada decisão posterior ligada a ela de alguma forma. Parece justo: um pouco de dor em troca de decisões de alta qualidade para o resto da vida.

3. *Você pode estar certo e a outra pessoa, errada.*

   Quando esse for o caso, você pode pensar que apenas a pessoa que está errada se beneficia ao ter a chance de reverter uma crença incorreta, porque a sua estava certa e permanecerá inalterada. Mas, na verdade, você se beneficia com a troca, pois o ato de explicar a sua crença e transmiti-la a outra pessoa melhorará seu entendimento. Quanto melhor você entender por que acredita nas coisas que faz, maior será a qualidade dessas crenças.

Durante uma conversa em um evento, você ouve alguém afirmar que a Terra é plana. Obviamente, você diz: "Isso não é verdade. A Terra é redonda."

"Não", diz a pessoa, "costumava presumir, como todo mundo, que a Terra era redonda. Mas estudei isso cientificamente". Ela passa, então, a lhe dar o que considera seus melhores argumentos sobre por que a Terra é plana (ou por que não há prova suficiente do contrário).

1 Sem procurar na internet, use o espaço abaixo para escrever argumentos científicos que expliquem a Terra ser redonda. Lembre que a alternativa parental ("Porque eu disse") ou o equivalente ("Porque todos os cientistas dizem") não é uma opção. "Porque eu já vi em fotos" também não é uma opção, a não ser que você possa explicar como saber se uma imagem é adulterada ou não:

_____

_____

_____

_____

_____

_____

_____

_____

_____

2 Em uma escala de 0 a 5, como uma terceira parte avaliaria a qualidade dos seus argumentos?

Horrível   0   1   2   3   4   5   Formidável

Higiene da Decisão

3 Se você é como a maioria das pessoas, os argumentos da sua cabeça não foram assim tão fortes. Agora, aproveite a oportunidade para ver os três principais motivos científicos de por que a Terra é redonda e resuma-os aqui:

_____

_____

_____

_____

_____

_____

4 Após essa pesquisa, você sente que entende melhor por que sabe que a Terra é redonda? (Marque um.)

SIM   NÃO

A MENOS QUE VOCÊ TENHA COMEÇADO COM uma quantidade incomum de conhecimento sobre por que a Terra é redonda, ser desafiado a explicá-lo a alguém que acredita no contrário melhorou a qualidade dessa crença. Saiu do reino do "isso é algo que todos sabem" para o reino do "isso é algo que eu entendo".

É aí que reside a oportunidade quando você mantém uma crença que é objetivamente verdadeira e descobre que alguém acredita em algo diferente: a oportunidade de compreender melhor a sua própria crença. Como disse John Stuart Mill: "Quem conhece apenas o seu lado do caso, sabe pouco disso."

É claro, a oportunidade para moderar, mudar ou entender melhor a sua crença depende da sua habilidade em acessar o mapa do conhecimento de outra pessoa e ver onde esse mapa diverge do seu. Como você não é um leitor de mentes, a principal maneira de fazer isso é dizendo a você em que acreditam. Mas, se infectá-los com suas crenças antes de permitir que deem as suas próprias, você não obterá uma amostra respectiva de seus conhecimentos.

Você obterá uma amostra que acha que se sobrepõe ao seu mapa muito mais do que realmente acontece.

Esse é o conto de advertência do experimento de Solomon Asch.

[2]

Como Obter Feedback Não Infectado:
colocando a sua opinião em quarentena para impedir o contágio

Você confia que as pessoas lhe dirão em que acreditam e, se você lhes der sua opinião primeiro, elas se tornarão um narrador não confiável. Isso pode acontecer por dois motivos.

Primeiro, quando você diz a alguém o que pensa antes de ouvir o que ele pensa, pode fazer com que a opinião dele se incline para a sua, muitas vezes sem que ele perceba. *Em outras palavras, a opinião dele pode mudar.* O que ele acredita ser verdade pode começar em um lugar, mas, ao ouvir o que você acredita, a crença dele se moverá em direção à sua. Se ele não sabe o que você pensa, então é mais provável que a opinião que você ouve seja aquela com a qual ele começou.

Segundo, mesmo que a crença dele não mude ao ouvir a sua, *ele ainda pode não contar a sua opinião verdadeira.* Isso pode ocorrer porque ele pensa que *você está errado* e não quer lhe constranger. Ou pode pensar que *ele está errado* e não quer ser constrangido. Ou ele, simplesmente, não quer chamar atenção para si. Isso aconteceu no experimento de Solomon Asch. É improvável que alguém realmente tenha mudado de opinião sobre o tamanho das linhas. Eles simplesmente não estavam dispostos a expressar sua discordância em voz alta.

Você já esteve com um grupo de pessoas quando alguém disse algo que o surpreendeu de tão errado que era, mas você não falou nada? Como você não quis causar atrito, ser indelicado, discutir, constranger a ele ou a você, então não disse o que pensava. Não é esse o pior pesadelo de todos, ocasionalmente realizado, em um jantar com a família toda?

A solução para isso é a mesma do primeiro problema: não deixe que eles saibam o que você pensa antes de descobrir o que eles pensam.

> A única maneira de alguém saber que está discordando de você é saber o que você pensa primeiro. Manter isso para si mesmo ao obter feedback torna mais provável que o que eles dizem seja realmente o que acreditam.

Em uma situação na qual você está solicitando feedback cara a cara, é simples assim. Caso contrário, você é como um médico aparecendo para uma cirurgia usando um avental incrustado de germes.

Quando eu jogava pôquer para viver, muitas vezes procurei conselhos de outros jogadores sobre como joguei uma mão difícil. Quando eu estava solicitando seu feedback, dizia a eles os fatos que eles precisavam saber para me dar um bom feedback —

Higiene da Decisão 227

coisas como a ordem das apostas na mão, quantas fichas cada um tinha pela frente e se os outros jogadores tinham muitas ou poucas fichas.

O que evitava dizer a eles era o que realmente escolhi fazer com a mão, o que era uma questão de opinião minha — exatamente a opinião que queria ao solicitar o feedback. Sabia que, se contasse a eles o que fiz, isso diminuiria a qualidade do feedback que receberia.

Ao descrever a mão, eu dizia: "O jogador antes de mim aumentou e eu tinha ás e rainha." Em vez de dizer "Eu aumentei. O que você acha?", eu diria "O que você acha que eu deveria fazer?", para não infectá-los com o que eu realmente escolhi fazer.

Resultados também são contagiosos

Você conduz um extenso processo de contratação, oferecendo o emprego a um dos três finalistas, mas após um ano você deixa o empregado ir embora. Você está tentando obter conselhos sobre se tomou uma decisão de contratação de boa qualidade.

Não importa o conselho que esteja buscando, certamente você não quer dizer à pessoa a quem está perguntando como as coisas se desenrolaram (que você demitiu o funcionário) e você pode não querer dizer a ela qual dos finalistas decidiu contratar.

Assim como você pode infectar o feedback de alguém deixando-o saber sua opinião, você também pode fazê-lo dizendo como as coisas se desenrolaram.

É impossível ser um resolvedor se você não sabe o resultado. É impossível sucumbir a um viés retrospectivo se você não souber o resultado.

Provavelmente, você descobrirá que guardar o resultado de uma decisão para si mesmo é mais difícil de executar do que você imagina, porque, intuitivamente, todos sentimos que como a decisão acabou é uma informação relevante para a outra pessoa saber. Isso é verdade se você tiver um tamanho de amostra grande o suficiente, mas não estiver perguntando sobre uma decisão que tem um resultado específico.

Sabendo que o resultado pode arruinar o feedback que você teve porque, como você sabe, o resultado lança uma sombra sobre a capacidade de qualquer pessoa de ver a qualidade da decisão que a precede. É, por isso, que você deve manter o resultado para si mesmo, tanto quanto possível.

Muitas vezes, quando você está pedindo conselho sobre algo que aconteceu no passado, mais de um resultado está atrapalhando. Nesse caso, é bom *iterar* o feedback, pedindo a opinião da pessoa na sequência, parando a narrativa antes de cada resultado.

No exemplo da contratação, você pode começar contando qual a posição que você está tentando preencher e perguntar quais os principais componentes da descrição do cargo e a faixa salarial apropriada. Uma vez que obteve o feedback, você poderia mostrar a eles a descrição real do cargo e a faixa salarial e passar para a questão se você deveria ter conduzido o processo de contratação internamente ou deveria ter contratado alguém de fora. Tenha a opinião dela antes de contar o método que você escolheu. Depois disso, você pode dar a informação sobre os candidatos finais e perguntar qual ela teria contratado e assim por diante.

Colocar em quarentena os resultados e as crenças da pessoa que lhe deu o feedback ajuda a tê-los em um estado de conhecimento mais próximo daquele em que você estava quando tomou qualquer uma das decisões. Essa é uma forma de manter um registro usando as ferramentas de decisão desenvolvidas neste livro, o que o ajudará mais tarde, quando você estiver buscando um feedback sobre suas decisões. Ferramentas como a Árvore de Decisão, o Rastreador de Conhecimento ou a Tabela de Exploração da Decisão criam um registro do seu estado de conhecimento no momento da decisão, tornando mais fácil transmitir essas informações para obter retorno de alguém mais tarde.

> **Para conseguir um feedback de alta qualidade, é importante colocar a outra pessoa o mais próximo possível do mesmo estado de conhecimento em que você estava no momento que tomou sua decisão.**

Kevin foi enquadrado! Como você pede o feedback pode sinalizar sua opinião

Algumas vezes, quando você solicita feedback de outra pessoa, não percebe que a forma como pergunta sinaliza sua opinião.

Certo dia, um dos meus filhos veio para casa reclamando de um amigo chamado Kevin: "Ele é um idiota completo e todos os meus amigos concordam comigo."

Ao ouvir esse consenso unânime, imediatamente falei: "Quando perguntou a eles o que achavam do Kevin, você disse: 'O que você pensa sobre Kevin?' ou 'Você não acha que Kevin é um completo idiota?'" É claro que foi a última.

Você deve ter cuidado com a maneira como formula a pergunta, porque o enquadramento que você escolher pode indicar se você tem uma visão positiva ou negativa sobre aquilo que está tentando obter feedback. Tente ficar em um quadro neutro tanto quanto possível.

> ### EFEITO DE ENQUADRAMENTO
> **Um viés cognitivo no qual a forma como as informações são apresentadas influencia a maneira como o ouvinte toma decisões sobre as informações.**

Higiene da Decisão 229

A palavra "discordância" tem conotações muito negativas. Se você chama alguém de "discordante", não está dizendo nada de bom sobre ele. Você deve ter notado que estou usando o termo "divergir", ao invés de "discordar", e isso é proposital. Tem uma conotação mais neutra. Usar os termos "divergência" ou "dispersão" de opinião, ao invés de "discordância", é uma maneira mais neutra de falar sobre lugares onde as opiniões das pessoas diferem, permitindo que você envolva melhor as discordâncias.

[3]
Como Colocar as Opiniões em Quarentena em um Ambiente de Grupo

Quando você está falando com alguém cara a cara, tem uma solução simples para o contágio do problema. Qualquer que seja o feedback que você está recebendo, não transmita sua opinião primeiro. Mas essa solução não se adapta bem em um ambiente de grupo. Nesse caso, você pode esconder a *sua* opinião de todos, mas, assim que a primeira pessoa emite a opinião dela, todo o grupo é infectado.

Nosso instinto nos diz que, quando se trata de tomada de decisão, mais cabeças são melhores do que uma. Se você extrair mais opiniões, terá mais da visão externa, uma variedade mais ampla de perspectivas, uma gama mais ampla de crenças, e isso irá melhorar a qualidade da decisão.

No entanto, sabemos que, quando as pessoas estão em ambientes de grupo, a qualidade da decisão muitas vezes não é melhor, mas, por mais pessoas estarem envolvidas no processo, a confiança na decisão aumenta. *Essa é uma combinação ruim: ter muito mais confiança na qualidade de uma decisão que não é necessariamente a melhor.*

Por isso, o contágio da crença é particularmente problemático em grupos.

Pesquisas mostram que em um ambiente de grupo, mesmo quando os membros individuais têm informações em sua posse que vão contra a opinião consensual do grupo, muitas vezes não a compartilham.

Em um experimento conduzido por Garold Stasser, da Universidade de Miami, e William Titus, da Briar Cliff College, grupos de quatro pessoas tinham que decidir qual dos três candidatos era o mais adequado para ser presidente do corpo discente. Os pesquisadores criaram dossiês contendo atributos positivos e negativos para cada candidato. Com base em todas as informações, o Candidato A foi designado como o mais favorável. Cada membro do grupo analisou os dossiês com antecedência, indicou sua preferência em particular e, em seguida, decidiu escolher sua preferência como grupo.

Para um conjunto de grupos (vamos chamá-los de "grupos de informação completa"), cada membro recebeu dossiês completos, incluindo todas as informações disponíveis sobre cada candidato. Como esperado, o Candidato A foi a preferência em particular da maioria dos membros e o candidato preferido desses grupos.

Para outros grupos (vamos chamá-los de "grupos de informação parcial"), o dossiê de cada membro estava incompleto. Todos continham algumas informações comuns sobre cada candidato, mas as informações restantes dos perfis estavam espalhadas entre os membros. Com base na forma como as informações positivas e negativas foram disseminadas entre os dossiês, a maioria dos membros dos grupos de informação parcial

Higiene da Decisão (231)

não deu ao Candidato A a sua preferência. (Nota: todos no experimento foram alertados para a possibilidade de que seus dossiês não estivessem completos e outros membros do grupo pudessem ter informações das quais não tinham conhecimento.)

Agora, aqui está o truque: se todos os membros dos grupos de informação parcial compartilhassem o que sabem na discussão em grupo, eles teriam exatamente as mesmas informações que os grupos de informação completa e, presumivelmente, decidiriam pelo Candidato A. A questão é: eles realmente compartilham essa informação?

Os grupos de informação parcial rapidamente formaram um consenso baseado em suas preferências pré-reunião. Uma vez que viram a formação de um consenso, os membros com informações divergentes (negativas sobre o candidato de consenso ou positivas dos candidatos não preferidos) provavelmente não as compartilhariam. Ao contrário dos grupos de informação completa, em que o Candidato A era o preferido, os grupos de informação parcial quase sempre escolheram um dos outros candidatos.

Em outras palavras, mesmo que os grupos de informação parcial tivessem em sua posse todas as informações para determinar que o Candidato A era o melhor, eles não compartilharam essas informações e, geralmente, caíram em uma escolha menos favorável.

Isso mostra que a informação que vive na cabeça das pessoas não é, necessariamente, compartilhada com o grupo, particularmente quando o consenso começa a se formar. O problema, claro, é que, se quiser acessar o potencial de diferentes perspectivas que os membros da equipe têm a oferecer, você realmente precisa ouvir sobre essas perspectivas.

Solicitando feedback independentemente

A questão é: como você dimensiona a solução das crenças e resultados de quarentena se, depois que a primeira pessoa em um grupo fala, a quarentena é arruinada? Você pode fazer isso em um ambiente de grupo ao obter as opiniões iniciais e os fundamentos de cada membro independentemente, o que você compartilha então com os membros da equipe *antes do grupo se reunir*. Isso ajuda a aliviar o problema do dossiê incompleto, porque cada membro do grupo fica exposto a informações não compartilhadas e aos pontos de vista dos outros.

Os membros do comitê de contratação entrevistaram os finalistas. Antes de qualquer uma dessas pessoas ter uma discussão em grupo, peça a cada uma que envie por e-mail sua opinião sobre a pessoa de sua preferência, e sua justificativa. Reúna esse feedback e compartilhe-o com o grupo antes de qualquer discussão em equipe.

Um comitê de investimentos está decidindo se fará um determinado investimento. Obtenha um retorno de forma independente e divida-o com o grupo antes da reunião.

Uma equipe jurídica foi solicitada pelo cliente para uma recomendação sobre a resolução de um caso. Peça a cada pessoa da equipe, antes de discutir com os outros, para dar a sua opinião sobre o valor de um acordo razoável, bem como um limite superior e inferior, e a probabilidade de a parte adversária se estabelecer nesse intervalo, juntamente com sua justificativa. Peça-lhes, por e-mail, para compilar e compartilhar com o grupo antes de uma reunião de equipe para discutir o assunto.

Segundo a pesquisa, pessoas dão um feedback que representa com mais precisão seus conhecimentos e preferências quando o fazem de forma independente e privada, em comparação com o que fazem em grupo. Dan Levy, Joshua Yardley e Richard Zeckhauser, da Harvard Kennedy School, descobriram que pedir aos alunos para levantar as mãos (o consagrado sistema de feedback de *grupo* em salas de aula) causa um efeito de agrupamento, no qual, assim que os alunos viram um consenso se desenvolvendo, levantaram as mãos para se juntar à opinião consensual, criando supermaiorias.

Em contraste, quando os alunos responderam com botões eletrônicos para que não pudessem ver o que os outros estavam dizendo, a supermaioria formada com o levantar de mãos público se desfez. Pedir feedback aos alunos de forma independente deu aos instrutores uma melhor representação do verdadeiro conhecimento e preferências deles.

Isso é o que obter feedback inicial e ideias de forma independente (por e-mail ou algum outro meio) faz. Reduz a aparência artificial de sobreposição de opiniões, expondo melhor onde as crenças divergem.

Parte do processo de obtenção de feedback deve incluir a especificação da forma como as pessoas o fornecem. Este livro descreveu muitas ferramentas de decisão que você pode pedir aos membros da equipe para usarem para fornecer feedback: previsões de eventos ou resultados específicos, resultados na árvore de decisão, opções a se considerar, pagamentos, contrafactuais, um Rastreador de Perspectiva, o resultado da Tabela de Exploração da Decisão (*pre-mortem* e/ou *backcast*), o jogo do Dr. Evil, contratos de Ulisses ou coberturas. Você também pode pedir feedback na forma de perguntas sim ou não ou em uma escala de classificação.

Especificar o tipo de feedback que você está procurando permite que o grupo faça uma comparação direta entre o feedback e as ideias e identifique onde há divergência.

Uma camada extra de proteção: anonimizar o feedback

Algumas opiniões são mais contagiosas que outras. Algumas pessoas são mais propensas a fazer com que as opiniões de outras se inclinem em direção às delas e fazer com que outros suprimam pontos de vista divergentes. As crenças mais contagiosas em uma equipe vêm de indivíduos de status elevado. O status pode derivar de uma posição de liderança, experiência, expertise, capacidade de persuasão, carisma, extroversão ou mesmo o quanto ela é articulada.

Idealmente, quando você está obtendo feedback de membros de um grupo, uma ideia que é objetivamente válida não se torna mais ou menos válida dependendo se vem do CEO ou de um estagiário. Mas, na realidade, as ideias que vêm de pessoas de status inferior não recebem igual consideração com base em seus méritos.

A forma para contornar esse problema de contato por status é **anonimizar** a rodada inicial de feedback, que coloca em quarentena a fonte dos outros membros do grupo, garantindo que o feedback dos indivíduos de status inferior receba mais consideração do que geralmente receberia.

Mas a expertise e a experiência não importam?

Você deve estar pensando agora: "Mas não é racional dar peso maior a algum feedback baseado na fonte? Se o grupo está colhendo opiniões sobre a teoria da relatividade e Einstein está na sala, o que ele está falando não é mais importante do que a pessoa recém-contratada do programa de estágio?"

Sim, se Einstein é parte do grupo, haverá momentos em que suas opiniões terão muito mais peso do que a de qualquer outro. Esses momentos são quando o grupo está falando sobre física. Por causa disso, as opiniões não podem e não devem permanecer anônimas *para sempre*.

> **EFEITO HALO**
>
> **Um viés cognitivo no qual uma impressão positiva de uma pessoa em uma área faz com que você tenha uma visão positiva dela em outras áreas não relacionadas.**

Dito isso, há muitos benefícios em ter a *primeira passagem* anônima.

Primeiro, é difícil discordarem publicamente de membros da equipe que têm mais experiência ou são de status superior, seja Einstein ou o CEO. Mas é pior do que isso por causa do *efeito halo*, que é a tendência de dar às opiniões de pessoas muito bem-sucedidas mais peso em todas as áreas, mesmo naquelas em que elas não têm experiência.

Ninguém quer se opor e contradizer o feedback de Einstein, seja sobre a teoria da relatividade ou se deve processar o proprietário.

Segundo, apesar de todo o valor que a experiência oferece, os especialistas no assunto não são imunes ao viés. Como mostrou Philip Tetlock, quando você é um especialista no assunto, tem uma tendência a se enraizar em sua visão de mundo e isso torna mais difícil sair da trincheira e ver as coisas por uma perspectiva que difere do seu próprio modelo robusto do mundo.

Essa é a grande vantagem de anonimizar a rodada inicial de feedback. Os membros verão as coisas naturalmente sob perspectivas diferentes. Porque cada membro não sabe a fonte de quaisquer perspectivas, esses pontos de vista são mais propensos a receber uma consideração real. Os membros da equipe não saberão qual opinião desconsiderar ou elevar.

Membros com status mais baixo podem ter perspectivas diferentes e valiosas. Às vezes, eles veem soluções inovadoras que os outros não enxergam porque não estão tão ancorados ao status quo. No sentido macro, quando você vê a história do mundo, cada geração subsequente, ao oferecer sua visão diferente, se torna responsável por saltos de inovação e mudanças de paradigmas. Ao anonimizar o feedback inicialmente, essas perspectivas inovadoras têm a chance de respirar.

Mas por quê?

É lógico que os membros menos experientes de um grupo nem sempre são gênios não descobertos e sua próxima contribuição não será uma ideia inovadora que impulsiona a todos para o patamar do sucesso. Frequentemente, sua perspectiva simplesmente reflete uma falta de compreensão.

Um bom processo de grupo encoraja o feedback que inclui dar às pessoas espaço para expressar sua falta de compreensão. O grupo como um todo se beneficia disso, porque oferece aos especialistas a oportunidade de entender melhor *por que* eles acreditam no que fazem e também lhes dá a oportunidade de transferir seus conhecimentos para os outros membros do grupo. E, às vezes, lhe dá a oportunidade de reparar imprecisões nas coisas em que acreditam.

É como a experiência de todos os pais quando seus filhos lhes pedem para explicar algo e depois dizem: "Mas por quê?"

"Mamãe, por que o céu é azul?"

Satisfeita consigo mesma, você mostra seu conhecimento de refração de luz para seu filho de 5 anos e diz: "O céu tem, na verdade, todas as cores diferentes do arco-íris. Mas o ar ao redor da Terra só permite que nossos olhos vejam o azul."

Então, seu filho de 5 anos segue com o: "*Mas por quê?* Por que o ar ao redor da Terra só nos deixa ver a cor azul?"

E então você tem que responder a essa pergunta. Isso continua até que você se depara com os limites do seu próprio conhecimento, ponto em que a troca geralmente termina com você dizendo "Porque eu disse!" ou "Não está na hora de assistir *Dora Aventureira*?" ou "Quer sorvete?".

Higiene da Decisão

Da mesma forma que uma criança expõe o que você sabe e o que não sabe, todos os grupos se beneficiam ao obter o *mas por quê*.

Rápido e rasteiro: uma alternativa para as decisões de baixo impacto, mais fáceis de reverter

Você deve estar pensando, neste ponto: "Se fizermos isso para cada decisão que temos que tomar como equipe, provavelmente não poderemos tomar mais do que algumas decisões por mês."

Obviamente, esse tipo de processo decisório (solicitar feedback independentemente e distribuí-lo de forma anônima para revisão antes da discussão em grupo) leva um tempo extra. Mas a compensação de precisão de tempo ainda se aplica. Para decisões de baixo impacto, mais fáceis de reverter, o grupo ainda pode conter o contágio de uma forma que não leve tanto tempo, por meio de uma versão rápida e rasteira desse processo de evocação de feedback.

Quando você está em um grupo, considerando uma decisão, cada membro pode escrever suas opiniões e justificativas em um pedaço de papel, passando os papéis para uma pessoa que os lerá em voz alta ou escreverá em uma lousa antes da discussão. Isso não leva muito tempo extra e dá a todos a chance de expressar uma opinião inicial antes de ouvir o que os outros pensam.

Se você quer poupar mais tempo ainda, pode fazer as pessoas escreverem suas opiniões e justificativas e cada uma ler em voz alta, mas é fundamental que você comece com o membro mais jovem do grupo, cuja opinião é menos contagiosa (e que tem maior probabilidade de ser infectado por membros de status superior, privando o grupo de ouvir a sua perspectiva autêntica).

[4]

Doutrina do Giro: faça um checklist dos detalhes relevantes e seja responsável por fornecê-los

Se as pessoas não têm informações relevantes para fornecer um feedback de alta qualidade, toda a quarentena do mundo não o ajudará em suas decisões. O feedback deles será tão bom quanto a informação que você der a eles. Em outras palavras, lixo para dentro, lixo para fora — caso contrário, quarentena.

Se você está pedindo o feedback de alguém sobre um candidato a emprego sem mencionar que o candidato foi condenado por desvio de dinheiro de seu empregador anterior, é provável que você obtenha um feedback de boa qualidade?

Se você representa o requerente em uma ação judicial e está decidindo se deve encerrar um caso na véspera de um julgamento, de que adianta obter o conselho de um advogado experiente se não lhe disser que o caso foi recentemente transferido para um juiz com reputação a favor do réu?

Obviamente, é improvável que alguém deixe passar detalhes tão claramente relevantes como esses. Mas de todas as maneiras, algumas maiores e outras menores, ao sermos deixados por conta própria, as narrativas que distorcemos quando pedimos conselhos a outros naturalmente tendem a destacar, diminuir e omitir informações de uma forma que ajuda a levar a pessoa a concordar com a conclusão à qual já chegamos.

Isso geralmente não é feito para enganar as outras pessoas. É mais para enganar a si mesmo. A forma como você distorce essas narrativas aumenta a probabilidade de ouvir sobre as partes do mapa que se sobrepõem ao seu, em vez das partes que divergem, diminuindo a qualidade do feedback que você recebe.

Usando a visão externa a fim de parar a narrativa de distorcer

Identificamos um gargalo fundamental no processo de decisão: a qualidade do feedback que você recebe é limitada pela qualidade das informações que você insere nesse processo. Nossas narrativas vivem naturalmente na visão interna, tendenciosa a apoiar nossa própria perspectiva de mundo. Segue-se logicamente que uma maneira de resolver esse problema é chegar à visão externa, colocando-se no lugar da pessoa que está dando o feedback, em vez do receptor.

Você pode conseguir a visão externa ao se perguntar: "Se alguém estivesse buscando a minha opinião sobre esse tipo de decisão, o que eu precisaria saber para sentir que poderia dar um feedback de alta qualidade?" Faça um checklist desses detalhes e, em seguida, forneça-os a qualquer pessoa de quem você esteja procurando conselhos.

Higiene da Decisão (237)

Você pode fazer isso para qualquer decisão, mas isso é especialmente útil para decisões que se repetem, porque você pode pensar sobre isso antes de enfrentar qualquer instância particular dessa decisão. Quando você está no meio de uma decisão, provavelmente já formou opinião sobre a sua opção preferida. Quando isso acontecer, sua preferência distorcerá as informações que você acha que precisa saber. Ao construir esse checklist com antecedência, você não será tão influenciado pelos detalhes de uma decisão sobre a qual já formou opinião, tornando mais fácil ser objetivo e obter uma visão externa.

O que deve entrar no checklist?

Para qualquer decisão que você tenha sob consideração, esse checklist de informações relevantes será diferente, mas geralmente se concentrará nas metas, valores e recursos aplicáveis, juntamente com os detalhes da situação. Você deseja fornecer o que a pessoa precisa saber para dar um feedback valioso — e nada mais.

Em primeiro lugar, você precisa comunicar o que deseja realizar. As pessoas têm objetivos e valores diferentes e essas coisas são importantes. A opção certa para uma pessoa pode ser diferente da opção certa para outra.

Se você está pedindo conselhos para um destino de férias, a pessoa a quem você está pedindo deve saber suas metas, preferências e limitações. Se você disser que quer ir, em fevereiro, para algum lugar ensolarado e que tem muita história, mas não diz que só tem três dias de férias, talvez recomendem a Austrália, por terem passado duas semanas maravilhosas lá.

A informação parcial não traz um feedback "parcialmente bom".

No pôquer, eu peço feedback sobre mãos a outros jogadores o tempo todo. Porque eu sabia que faria isso várias vezes e queria um bom checklist de informações para fornecer, perguntei-me: "Se alguém me pedir feedback sobre uma mão, quais são as coisas que eu preciso saber para dar um bom conselho?" Isso inclui coisas como a ordem dos apostadores, quantas fichas os outros jogadores têm etc. Fiz um checklist para mim mesma com esses detalhes e tentei ter certeza, sempre que pedia o conselho de alguém, que incluí tudo nessa lista.

Se você está tomando uma decisão de contratação, é importante incluir suas metas, valores e recursos. É sua intenção contratar alguém com experiência que, por sua vez, ajudará treinando futuros novos contratados? Você valoriza alguém alegre? Os fatos relevantes sobre os candidatos incluem seus currículos, suas referências e em que consistiam suas entrevistas.

Assim que tiver feito tal checklist, você precisa se responsabilizar por fornecer esses detalhes às pessoas para as quais está pedindo feedback. Isso reduzirá as chances de você distorcer a narrativa para se encaixar em uma opinião que já formou e aumentará a qualidade do feedback que recebe.

Desenvolver um checklist para uma equipe pode ser feito usando o mesmo processo para obter qualquer outro feedback em um ambiente de grupo. Peça aos membros do grupo para responderem, independentemente, à pergunta: "Se alguém me pedisse feedback sobre essa categoria de decisão, o que eu precisaria saber?" Junte as respostas, deixe-as anônimas para distribuir aos membros do grupo e discuta-as como uma equipe. O produto disso será um checklist geral, para informações que devem ser fornecidas a qualquer membro da equipe que esteja sendo solicitado para feedback.

Os membros do grupo devem responsabilizar-se mutuamente por esse checklist. Qualquer pessoa que solicite feedback tem a responsabilidade de fornecer as informações do checklist, e qualquer pessoa que receba um feedback deve solicitar que todas as informações do checklist sejam fornecidas.

Desenvolva um checklist de informações que precisam ser compartilhadas para uma decisão que você toma repetidamente no trabalho ou na vida pessoal. Você pode fazer isso individualmente ou como exercício de grupo.

1 Escreva abaixo uma decisão pessoal ou profissional que surge repetidamente:

___
___
___
___
___
___
___
___
___

2 Se alguém pedir um feedback em uma decisão desse tipo, quais são as coisas que você deveria saber para estar apto a responder com alta qualidade?

Use o espaço abaixo para fornecer uma lista abrangente das informações de que você precisa para dar um feedback de alta qualidade sobre o melhor curso de ação. Comece a lista com seus objetivos, o que você valoriza e seus recursos:

_____

_____

_____

_____

_____

_____

_____

_____

_____

_____

_____

_____

Seja dentro de um grupo ou somente duas pessoas pedindo conselhos uma à outra, é importante *concordar* que todos os participantes do processo de feedback são responsáveis pelo checklist.

Sem acordo para responsabilizar um ao outro, a pessoa do outro lado da narrativa frequentemente assume que, se os detalhes são enfatizados, eles devem ser especialmente relevantes. E, se os detalhes não forem enfatizados ou forem omitidos, é porque eles não são importantes para a decisão.

Geralmente, quando detalhes são deixados de fora, as pessoas vão oferecer seus conselhos de qualquer forma. Talvez porque elas pensam que seria rude quando alguém pede um conselho receber como resposta "não posso te ajudar". Ou talvez porque temos tanta confiança no valor das nossas opiniões que pensamos que podemos dar conselhos de alta qualidade mesmo sem ter todos os fatos.

A responsabilidade real em relação a um checklist significa que, se alguém não puder fornecer as informações necessárias para você dar um feedback de qualidade, deve recusar-se a fazê-lo, não por maldade, mas por *gentileza*.

Quando eu ensinava pôquer, meus alunos, às vezes, vinham e descreviam mãos em que não conseguiam se lembrar de alguns dos fatos no checklist. Como exemplo, um aluno poderia me perguntar se ele deveria pagar uma aposta na última carta em mão, mas ele não conseguia se lembrar de quanto dinheiro havia em jogo. Nesse caso, eu me recusaria a dizer a ele se deveria pagar a aposta, porque, se eu não soubesse o montante de dinheiro no *pot*, minha opinião não teria valor e qualquer coisa que eu dissesse a ele seria bobagem.

Minha relutância em dar a eles o que era um feedback essencialmente útil — potencialmente enganoso — criou muitos benefícios futuros para esses alunos. Por exemplo, eles começaram a prestar atenção ao tamanho do *pot*. Você poderia fazer uma aposta sólida de que, da próxima vez que eles me perguntassem sobre uma mão, eles saberiam essa informação, porque sabiam que, se quisessem meu feedback, teriam que me dizer o tamanho do *pot*. Esse é um detalhe que eles obviamente não estavam prestando atenção (ou teriam sabido inicialmente) e algo que eles continuariam a ignorar se eu os deixasse encobrir sem parar.

Mais importante, minha recusa criou uma oportunidade para eles entenderem *por que* saber o tamanho do *pot* é crucial. Em mãos futuras, independentemente de pedirem feedback ou não, eles prestariam atenção nesse detalhe importante e o incorporariam em suas decisões de pôquer.

Os benefícios de aderir a uma lista de verificação se acumulam, tanto em definir o tamanho do *pot* no pôquer quanto em saber quantos tempos você ainda tem quando está marcando uma jogada de futebol americano no fim do último tempo.

Ou a importância do *fit* cultural ao contratar um novo funcionário.

Ou a importância da reputação a favor do réu em potencial do juiz para o valor do seu processo.

Ou, ainda, quão importante é a profundidade da gestão quando você está pensando em comprar ações de uma nova empresa de carros elétricos.

Um bom checklist o ajuda a combater narrativas tendenciosas e fornece uma estrutura dentro da qual processar informações, conforme você toma decisões futuras.

[5]
Pensamentos Finais

Você tomará milhares e milhares de decisões durante a vida, algumas que funcionarão e outras não. O objetivo de uma boa tomada de decisão não pode ser que todas as decisões funcionem bem. Por causa da intervenção da sorte e de informações incompletas, essa é uma meta impossível.

As decisões que você toma são como um portfólio de investimentos. Sua meta é garantir que o portfólio como um todo avance em direção aos seus objetivos, mesmo que qualquer decisão individual nesse portfólio possa ganhar ou perder.

Pense nisso como alguém que está vendendo casas. O objetivo dele é ganhar dinheiro com todas as casas que vende, mas ele pode ganhar ou perder dinheiro com cada casa individual que reformar. Ele não pode saber com antecedência quais casas específicas em seu portfólio acabarão debaixo d'água. Se pudesse, obviamente só investiria em propriedades que gerariam renda.

O mesmo acontece com as suas decisões. Seu objetivo é, em todo o portfólio das decisões que toma em sua vida, avançar em direção aos seus objetivos, em vez de recuar. Mas, como o negociador de casas, qualquer decisão individual pode funcionar mal. Abraçar esse fato é necessário para se tornar um melhor tomador de decisões.

Se você tomar suas decisões pensando que pode, de alguma forma, garantir que as coisas funcionem, será muito difícil para você fazer uma caminhada com a mente aberta pelo universo de coisas que você não conhece. Em vez disso, você vai fazer aquela caminhada em uma posição defensiva permanente, constantemente se defendendo da possibilidade de ter tomado uma decisão errada ou ter uma crença incorreta.

Essa postura defensiva acabará se tornando muito desconfortável.

Ao abordar resultados ruins eliminando a possibilidade de ter tomado uma decisão errada ou ter uma crença incorreta, pode parecer que você está tendo autocompaixão. Processar os resultados dessa forma pode fazer você se sentir melhor no momento, assim como o fará, automaticamente, assumir o crédito quando as coisas funcionarem.

Mas, se tudo o que você faz é buscar a confirmação de que a qualidade das suas decisões é boa e as coisas que você acredita são verdadeiras, você não pode esperar ser um aluno eficaz. Sua capacidade de melhorar a qualidade da sua decisão será prejudicada.

Seu futuro eu depende de você para tomar decisões de qualidade e continuar melhorando-as. A *verdadeira autocompaixão* é não deixar essa pessoa — todas as versões futuras de você mesmo — na mão.

[6]
Resumo

Esses exercícios foram concebidos para fazê-lo pensar sobre os seguintes conceitos:

- Uma das maneiras mais eficientes de melhorar a qualidade das suas crenças é obter perspectivas de outras pessoas. Quando as crenças delas divergem das suas, isso melhora sua tomada de decisão, expondo-o a informações corretivas e a coisas que você não sabe.

- **Crenças são contagiosas.** Informar alguém sobre as suas crenças antes de ele dar o feedback aumenta significantemente a probabilidade dele expressar-se da mesma forma que você.

- Exercite a **higiene da decisão** para evitar a infecção das crenças.

- A única forma de alguém saber que está discordando de você é se souber sua opinião primeiro. **Mantenha suas opiniões para si ao obter feedback.**

- O **quadro** que você escolher pode sinalizar se você terá uma visão positiva ou negativa sobre o que está tentando obter feedback. Permaneça o mais neutro possível.

- A palavra "discordo" tem conotação muito negativa. Usar "**divergência**" ou "**dispersão**" de opinião, em vez de "discordo", é uma forma mais neutra de falar sobre pontos nos quais as opiniões das pessoas diferem.

- **Resultados também podem afetar a qualidade do feedback**. Coloque os outros em quarentena sobre o jeito que as coisas aconteceram enquanto obtém seus feedbacks.

- Quando você está pedindo o feedback sobre algo que aconteceu no passado e vários resultados estão atrapalhando, **repita o feedback**.

- Para feedbacks de qualquer tipo, coloque a pessoa, o mais próximo possível, ao estado de conhecimento em que você se encontrava quando tomou a decisão.

- **Configurações do grupo** oferecem o potencial de melhorar a qualidade da decisão se você puder acessar as diferentes perspectivas do grupo. Muitas vezes, esse potencial é prejudicado pela tendência dos grupos se aglutinarem em torno do consenso rapidamente, desencorajando membros com informações ou opiniões que discordam do consenso de compartilhá-las.

- Os grupos podem cumprir melhor o seu potencial de tomada de decisão exercitando a **higiene de decisão em grupo**, solicitando opiniões iniciais e fundamentos de forma independente antes de compartilhar com o grupo.

Higiene da Decisão (243)

- Graças ao **efeito halo**, as opiniões de membros com status alto no grupo são especialmente contagiosas.

- **Anonimizar o feedback na primeira etapa** permite que as ideias sejam melhor consideradas em seus méritos, em vez de serem de acordo com o status do indivíduo que detém aquela crença.

- Para decisões de baixo impacto e fáceis de reverter, o grupo ainda pode conter o contágio por meio de uma versão **rápida** e **rasteira** desse processo, na qual os membros do grupo escrevem suas opiniões e alguém as lê em voz alta ou as escreve em uma lousa antes da discussão, ou os membros leem suas próprias opiniões em voz alta em ordem reversa de experiência.

- **A qualidade do feedback é limitada pela qualidade da contribuição ao processo de provocar o feedback.** Tendemos a distorcer as narrativas que destacam, rebaixam e até omitem informações que não são úteis para a conclusão que gostaríamos que os outros chegassem.

- Dê à outra pessoa o que ela precisa saber para lhe dar uma opinião de qualidade e nada mais.

- Acesse a visão externa ao se perguntar: "Se alguém pedisse a minha opinião a respeito deste tipo de decisão, o que eu deveria saber para dar um bom conselho?"

- Faça um **checklist** de detalhes relevantes para decisões repetidas, e *antes* de você estar no meio de uma decisão. Tal lista deve se concentrar em metas aplicáveis, valores e recursos, junto com os detalhes da situação.

- Membros de um grupo devem mutuamente **responsabilizar-se pelo checklist**. Se alguém está solicitando feedback e não pode fornecer detalhes no checklist, deve haver um acordo para não dar o feedback.

CHECKLIST

Quando estiver buscando feedback de outras pessoas, pratique uma boa higiene de decisão das seguintes maneiras:

☐ Coloque outras pessoas em quarentena com base nas suas opiniões e crenças ao pedir um feedback.

☐ Enquadre sua solicitação de feedback de maneira neutra, para evitar sinalizar suas conclusões.

☐ Coloque resultados em quarentena ao perguntar sobre decisões anteriores.

☐ Se você está pedindo feedback envolvendo múltiplos resultados, repita o feedback.

☐ Explique a forma de saída que você está procurando.

☐ Antes de estar no meio de uma decisão, faça um checklist dos fatos e informações relevantes de que você precisaria para fornecer feedback para tal decisão.

☐ Faça com que as pessoas que buscam e dão feedback concordem em ser responsáveis por passar todas as informações relevantes, solicitando qualquer dado que não tenha sido fornecido e recusando-se a dar feedback, caso não haja informações relevantes.

Quando você estiver envolvido em um ambiente de grupo, exercite as seguintes formas *adicionais* de higiene de decisão:

☐ Solicite feedback independentemente, antes da discussão em grupo ou após os membros expressarem suas visões uns para os outros.

☐ Torne anônimas as fontes das opiniões e distribua uma compilação aos membros do grupo, para revisão, antes das reuniões ou discussões.

Higiene da Decisão 245

Notas de Capítulo

CAPÍTULO I: RESULTADO

Traçando a relação entre a qualidade da decisão e a qualidade do resultado [p. 10]

Mitch Morse, "*Thinking in Bets: Book Review and Thoughts on the Interaction of Uncertainty and Politics*", Medium.com, 9 de dezembro de 2018, e J. Edward Russo e Paul Schoemaker, *Winning Decisions: Getting It Right the First Time* (Nova York: Doubleday, 2002).

Star Wars e Resultado [p. 23–24]

O custo do filme original de Star Wars, o valor da bilheteria e da franquia, em 17 de janeiro de 2020, vem de "Box Office History for Star Wars Movies", <www.the-numbers.com/movies/franchise /Star-Wars#tab=summary>. Os detalhes da aquisição pela Disney, em 2012, da franquia, veio do comunicado de imprensa anunciando a transação, relatada por Steve Kovach, "Disney Buys Lucasfilm for $4 Billion," 30 de outubro de 2012, *Business Insider*, <www.businessinsider.com/disney-buys-lucasfilm-for-4-billion-2012-10>.

Inúmeros relatos da história de *Star Wars* incluem sua rejeição inicial pela United Artists, junto com outros estúdios que rejeitaram o projeto, incluindo Universal e Disney. A versão da Syfy Wire é de Evan Hoovler, "Back to the Future Day: 6 Films That Were Initially Rejected by Studios", Syfy Wire, 3 de julho de 2017, <www.syfy.com/syfywire/back-to-the-future-day-6-hit-films-that-were-initially-rejected-by-studios>. A citação de George Lucas sobre a história do filme apareceu em Kirsten Acuna, "George Lucas Recounts How Studios Turned Down 'Star Wars' in Classic Interview", *Business Insider*, 6 de fevereiro de 2014, <www.businessinsider.com/george-lucas-interview-recalls-studios-that-turned-down-movie-star-wars-2014-2>.

"Ninguém sabe de nada" é de William Goldman, *Adventures in the Screen Trade: A Personal View of Hollywood and Screenwriting* (Nova York: Warner Books, 1983).

CAPÍTULO 2: COMO DIZ O VELHO DITADO, RETROSPECTIVA NÃO É 20/20

Pseudônimos para viés retrospectivo [p. 29]

Neal Roese e Kathleen Vohs, "Hindsight Bias", *Perspectives on Psychological Science* 7, no. 5 (2012): 411–26.

Clinton x Trump: erro de votação em previsão e retrospectiva [p. 44–45]

Os números da votação e do colégio eleitoral da eleição presidencial de 2016 vieram da Wikipedia, <en.wikipedia.org/wiki/2016_United_States_presidential_election>.

As fontes das manchetes pós-eleitorais atribuindo a perda de Clinton às prioridades equivocadas de sua campanha (atribuindo mais recursos na Florida, Carolina do Norte e New Hampshire, e menos recursos na Pensilvânia, Michigan e Wisconsin) são de Ronald Brownstein, "How the Rustbelt Paved Trump's Road to Victory", *The Atlantic*, 10 de novembro de 2016, <www.theatlantic.com/politics/archive/2016/11/trumps-road-to-victory/507203/>; Sam Stein, "The Clinton Campaign Was Undone by Its Own Neglect and a Touch of Arrogance, Staffers Say", *Huffington Post*, 16 de novembro de 2016, <www.huffpost.com/entry/clinton-campaign-neglect_n_582cacb0e4b058ce7aa8b861>; Jeremy Stahl, "Report: Neglect and Poor Strategy Cost Clinton Three Critical States", *Slate*, 17 de novembro de 2016, <slate.com/news-and-politics/2016/11/report-neglect-and-poor-strategy-helped-cost-clinton-three-critical-states.html>.

As fontes da pré-eleição que, em contraste, questionaram as prioridades de campanha de Trump — não de Clinton — são de Philip Bump, "Why Was Donald Trump Campaigning in Johnstown, Pennsylvania?", *Washington Post*, 22 de outubro de 2016, <www.washingtonpost.com/news/the-fix/wp/2016/10/22/why--was-donald-trump-campaigning-in-johnstown-pennsylvania/?utm_term=.90a4eb293e1f>; John Cassidy, "Why Is Donald Trump in Michigan and Wisconsin?", *New Yorker*, 31 de outubro, 2016, <www.newyorker.com/news/john-cassidy/why-is-donald-trump-in-michigan-and-wisconsin>.

As informações sobre os números das pesquisas em estados individuais vieram de FiveThirtyEight.com.

CAPÍTULO 3: O MULTIVERSO DA DECISÃO

O Homem do Castelo Alto [p. 68]

As informações sobre a série da Amazon Studios *O Homem do Castelo Alto* são das sinopses da Wikipedia, IMDB.com, e Amazon.com. Veja também Philip K. Dick, *The Man in the High Castle* (Nova York: Putnam, 1962).

CAPÍTULO 4: OS TRÊS PS

Previsões na tomada de decisões: Tetlock e Mellers

Capítulos 4–6, com seu foco na estimativa de probabilidade e na melhoria das previsões, são informados ao longo da pesquisa de Philip Tetlock e Barbara Mellers. Seu trabalho deve ser a leitura essencial para qualquer mergulho mais profundo em assuntos relacionados às previsões na tomada de decisões.

Não provoque o bisão [p. 71-72]

O incidente no qual o homem provoca o bisão em uma estrada no Parque Nacional de Yellowstone ocorreu na noite de 31 de julho de 2018 e foi amplamente relatado. Essa foto específica do bisão apareceu no *USA Today*. David Strege, "Yellowstone Tourist Foolishly Taunts Bison, Avoids Serious Injury", USAToday.com, 2 de agosto de 2018, <ftw.usatoday.com/2018/08/yellowstone-tourist-foolishly-taunts-bison-avoids-serious-injury. Um vídeo do bisão na estrada apareceu em CNN.com, "Man Taunts Charging Bison", 3 de agosto de 2018, www.cnn.com/videos/us/2018/08/03/man-taunts-bison-yellowstone-national-park-hln-vpx.hln>.

A mentalidade do arqueiro [p. 81]

A metáfora da mentalidade do arqueiro foi inspirada pela paixão do Dr. Peter Attia por tiro com arco, durante um episódio que participei do podcast *The Drive*, que ele apresenta, peterattiamd.com/podcast/.

Termos probabilísticos e seus equivalentes [p. 87]

Para um artigo da pesquisa dos Mauboussins, ver Andrew Mauboussin e Michael Mauboussin, "If You Say Something Is 'Likely,' How Likely Do People Think It Is?", *Harvard Business Review*, HBR.org, 3 de julho de 2018, <hbr.org/2018/07/if-you-say-something-is-likely-how-likely-do-people-think-it-is, assim como https://probabilitysurvey.com>.

Suposição de bovinos [p. 100]

Um relato da experiência de Francis Galton em estimar o peso de um boi apareceu na introdução do livro *A Sabedoria das Multidões. Por que muitos são mais inteligentes que alguns e como a inteligência coletiva pode transformar os negócios, a economia, a sociedade e as nações*, de James Surowiecki (Record, 2006). O podcast da NPR *Planet Money Podcast* conduziu uma versão online desse experimento. Jacob Goldstein, "How Much Does This Cow Weigh?", NPR.org, 17 de julho de 2015, <www.npr.org/sections/money/2015/07/17/422881071/how-much-does-this-cow-weigh>; Quoctrung Bui, "17,205 People Guessed the Weight of a Cow. This Is How They Did", NPR.org, 7 de agosto de 2015, <www.npr.org/sections/money/2015/08/07/429720443/17-205-people-guessed-the-weight-of-a-cow-heres-how-they-did>. A foto de Penélope e o gráfico apareceram no artigo de 7 de agosto.

CAPÍTULO 5: MIRANDO NO FUTURO

O teste de choque [p. 113]

Estou em dívida com Abraham Wyner por sugerir essa ideia durante um almoço que tivemos, assim como estou em dívida com ele por muitas das ideias tecidas neste livro.

Taxado por imprecisão [p. 122]

Uma explicação dos padrões envolvidos aparece em Damon Fleming e Gerald Whittenburg, "Accounting for Uncertainty", *Journal of Accountancy*, 30 de setembro de 2007, <www.journalofaccountancy.com/issues/2007/oct/accountingforuncertainty.html>. Os intervalos para os diferentes termos vêm de um resumo em "Tax Opinion Practice — Confidence Levels for Written Tax Advice", 12 de junho de 2014, <taxassociate.wordpress.com/2014/06/12/tax-opinion-practice/>. Estou em dívida com Ed Lewis por trazer à minha atenção essa prática feita entre advogados tributários.

CAPÍTULO 6: MUDANDO DECISÕES DE FORA PARA DENTRO

Listas de prós e contras como um servo da visão interna [p. 130]

Chip Heath e Dan Heath, em *Decisive: How to Make Better Choices in Life and Work* (Nova York: Crown, 2013), descrevem em detalhes a história das listas de prós e contras e analisam suas falhas, incluindo sua capacidade de combater o desafio do vício na tomada de decisão.

Exemplos do efeito acima da média [p. 134]

Professores acima da média: K. Patricia Cross, "Not Can, But *Will* College Teaching Be Improved?", *New Directions for Higher Education* 17 (1977): 1–15.

Motoristas acima da média: Ola Svenson, "Are We All Less Risky and More Skillful than Our Fellow Drivers?", *Acta Psychologica* 47, (1981): 143–48.

Acima da média em habilidades sociais: College Board, Student Descriptive Questionnaire, 1976–1977, Princeton, Nova Jersey: Educational Testing Service.

Acima da média em responsabilidade e julgamento: Emily Stark e Daniel Sachau, "Lake Wobegon's Guns: Overestimating Our Gun-Related Competences", *Journal of Social and Political Psychology* 4, no. 1 (2016): 8–23. Stark e Sachau citaram todos esses exemplos e fontes junto a muitas outras descobertas do efeito acima da média.

Ilustração "Onde Fica a Precisão" [p. 135]

Notas de Capítulo

Michael Mauboussin compartilhou essa ilustração comigo, que ele usa em algumas apresentações. Ela apareceu em "The Base Rate Book: Integrating the Past to Better Anticipate the Future", Credit Suisse Global Financial Strategies, de Michael Mauboussin, Dan Callahan e Darius Majd, em 26 de setembro de 2016.

Como ser inteligente piora o raciocínio motivado [p. 136]

Daniel Kahan e seus colegas fizeram pesquisas substanciais sobre esse aspecto do raciocínio motivado. Veja Daniel Kahan, David Hoffman, Donald Braman, Danieli Evans e Jeffrey Rachlinski, "They Saw a Protest: Cognitive Illiberalism and the Speech-Conduct Distinction", *Stanford Law Review,* 64 (2012): 851–906; e Daniel Kahan, Ellen Peters, Erica Dawson e Paul Slovic, "Motivated Numeracy and Enlightened Self-Government", *Behavioural Public Policy* 1, no. 1 (maio de 2017), 54–86.

Além disso, alguns dos trabalhos influentes sobre "viés do meu lado" (ou "viés do ponto cego") incluem "Cognitive Sophistication Does Not Attenuate the Bias Blind Spot", *Journal of Personality and Social Psychology* 103, no. 3 (setembro de 2002), de Richard West, Russell Meserve e Keith Stanovich, 506–19; Keith Stanovich e Richard West, "On the Failure of Cognitive Ability to Predict Myside and One-Sided Thinking Biases", *Thinking & Reasoning* 14, no. 2 (2008): 129–67; e Vladimira Cavojova, Jakub Srol e Magalena Adamus, "My Point Is Valid, Yours Is Not: Myside Bias in Reasoning About Abortion", *Journal of Cognitive Psychology* 30, no. 7 (2018): 656–69. Um artigo instrutivo do viés do meu lado, que trouxe o trabalho e Cavojova e colegas (junto com outra pesquisa recente) à minha atenção é de Christian Jarrett, "'My-side Bias' Makes It Difficult for Us to See the Logic in Arguments We Disagree With", *BPS Research Digest,* 9 de outubro de 2018, <digest.bps.org.uk/2018/10/09/my-side-bias-makes-it-difficult-for-us-to-see-the-logic-in-arguments-we-disagree-with/>.

Exemplos de taxas básicas [p. 137-138]

Taxas de divórcio: Centers for Disease Control, National Center for Health Statistics, National Health Statistics Reports, Número 49, 22 de março de 2012, <www.cdc.gov/nchs/data/nhsr/nhsr049.pdf>.

Mortes por doenças cardíacas: Centers for Disease Control, Heart Disease Facts, <www.cdc.gov/heartdisease/facts.htm>.

População nas grandes cidades: U.S. Census, <census.gov/popclock>.

Graduados do ensino médio indo imediatamente para a faculdade: NCHEMS Information Center for Higher Education Policymaking and Analysis, 2016, <www.higheredinfo.org/dbrowser/?year=2016&level=nation&mode= graph&state=0&submeasure=63>.

Falência de restaurantes: Rory Crawford, "Restaurant Profitability and Failure Rates: What You Need to Know", FoodNewsFeed.com, abril de 2019, <www.foodnewsfeed.com/fsr/expert-insights/restaurant-profitability-and-failure-rates-what-you-need-know>.

Casamento e divórcio: Casey Copen, Kimberly Daniels, Jonathan Vespa, and William Mosher, "First Marriages in the United States: Data from the 2006–2010 National Survey of Family Growth", National Health Statistics Reports, 22 de março de 2012.

Taxas básicas para matrículas em academias [p. 139]

Zachary Crockett, "Are Gym Memberships Worth the Money?", *TheHustle.co,* 5 de janeiro de 2019, <thehustle.co/gym-membership-cost>.

Kyle Hoffman, "41 New Fitness & Gym Membership Statistics for 2020 (Infographic)", *NoobGains.com*, 28 de agosto de 2019, <htnoobgains.com/gym-membership-statistics/>.

Uma disposição mais ensolarada? [p. 148]

David Schkade e Daniel Kahneman, "Does Living in California Make People Happy? A Focusing Illusion in Judgments of Life Satisfaction", *Psychological Science* 9, no. 5 (setembro 1998): 340–46.

CAPÍTULO 7: LIBERTANDO-SE DA PARALISIA DA ANÁLISE

Quanto tempo gastamos decidindo o que comer, assistir e vestir [p. 150]

Comer: um casal norte-americano médio gasta 132 horas por ano decidindo o que comer. SWNS, "American Couples Spend 5.5 Days a Year Deciding What to Eat", *NewYorkPost.com*, 17 de novembro de 2017, <nypost.com/2017/11/17/american-couples-spend-5-5-days-a-year-deciding-what-to-eat/>.

Assistir na Netflix: usuários da Netflix gastam em média 18 minutos em um determinado dia decidindo o que assitir. Russell Goldman e Corey Gilmore, "New Study Reveals We Spend 18 Minutes Every Day Deciding What to Stream on Netflix", *Indiewire.com*, 21 de julho de 2016, <www.indiewire.com/2016/07/netflix-decide-watch-studies-1201708634/>.

Vestir: uma pesquisa com 2491 mulheres descobriu que elas gastam uma média de 16 minutos para decidir o que vestir em manhãs de dias úteis e 14 minutos em manhãs de finais de semana. Tracey Lomrantz Lester, "How Much Time Do You Spend Deciding What to Wear? (You'll Never Believe What's Average!)", *Glamour.com*, 13 de julho de 2009, www.glamour.com/story/how-much-time-do-you-spend-dec.

Cutucando o mundo [pp. 151–52]

Encontrei essa grande crítica de Tim Harford no *Financial Times,* "Why Living Experimentally Beats Taking Big Bets", <www.ft.com/content/c60866c6-3039-11e9-ba00-0251022932c8>, que apontou que *Thinking in Bets* não tinha enfatizado o suficiente que nem todas as apostas são grandes. Muitas decisões são apostas pequenas e de baixo impacto para a coleta de informações. (São chamadas no pôquer de apostas de investigação.) Como explicou Harford, você precisa fazer muitos experimentos nas decisões para reunir informações. Em parte graças a essa crítica, a ênfase nesse ponto aparece aqui.

Freerolling [p. 157]

De acordo com a Wikipedia, *freeroll* tornou-se uma expressão de jogo a partir da prática, no início dos anos 1950, de hotéis-cassinos de Las Vegas que ofereciam aos hóspedes uma "rodada grátis" (*freeroll*) de moedas no check-in nas máquinas caça-níqueis.

Quando uma decisão é difícil, significa que é fácil [p. 163]

Discuti esse conceito no mesmo almoço com Abraham Wyner e ele sugeriu essa bela maneira de resumir como pensar sobre duas opções muito próximas e de alto impacto, um lembrete claro do poder das observações de Adi e o local do almoço como uma das refeições mais importantes do dia.

O teste de opção única [pp. 165-166]

Koen Smets explicou esse conceito em "More Indifference: Why Strong Preferences and Opinions Are Not (Always) for Us", *Medium.com*, 3 de maio de 2019, <medium.com/@koenfucius/more-indifference-cdb2b1f9d953?sk=f9cb494adfb86451696b3742f140e901>.

Estudantes universitários mudando de escolas [p. 170]

National Student Clearinghouse Research Center, "Transfer & Mobility — 2015", 6 de julho de 2015, <nscresearchcenter.org/signaturereport9/>; Valerie Strauss, "Why So Many College Students Decide to Transfer", *Washington Post*, 29 de janeiro de 2017, <www.washingtonpost.com/news/answer-sheet/wp/2017/01/29/why-so-many-college-students-decide-to-transfer/>.

Decisões de duas vias [p. 171]

Jeff Bezos, "Letter to Shareholders", Amazon.com 2016 Annual Report", <www.sec.gov/Archives/edgar/data/1018724/000119312516530910/d168744dex991.htm>; Richard Branson, "Two-Way Door Decisions", Virgin.com, 26 de fevereiro de 2018, <www.virgin.com/richard-branson/two-way-door-decisions>.

A lenda de Ivan Boesky [p. 172]

Essa suposta história de Ivan Boesky pedindo cada item do menu na Tavern on the Green foi incluída porque ilustra, embora de forma extrema, o conceito de escolha de várias opções em paralelo. Versões públicas do conto se referem a ele como uma "lenda", algo que "alegadamente" aconteceu. Myles Meserve, "Meet Ivan Boesky, the Infamous Wall Streeter Who Inspired Gordon Gekko", *Business Insider*, 26 de julho de 2012, <www.businessinsider.com/meet-ivan-boesky-the-infamous-wall-streeter-who-inspired-gordon--gecko-2012-7>; Nicholas Spangler and Esther Davidowitz, "Seema Boesky's Rich Afterlife", *Westchester Magazine*, novembro de 2010, <www.westchestermagazine.com/Westchester-Magazine/November-2010/ Seema-Boesky-rsquos-Rich-Afterlife/>.

Leave It to Beaver *(Foi sem querer)* [p. 176]

Leave It to Beaver (Foi sem querer), "O corte de cabelo", 25 de outubro de 1957 (data de exibição nos Estados Unidos), escrito por Bill Manhoff, IMDb.com, www.imdb.com/title/tt0630303/.

O Exterminador do Futuro [p. 181]

O Exterminador do Futuro, dirigido por James Cameron (Los Angeles: Orion Pictures,1984), escrito por James Cameron e Gale Anne Hurd.

Satisfação x maximização [p. 182]

Alguns artigos úteis descrevendo a pesquisa e a importância prática da satisfação versus a maximização incluem "Why Making Decisions Stresses Some People Out", MentalFloss.com, de Kate Horowitz, em 27 de fevereiro de 2018 (que descreveu a pesquisa recente de Jeffrey Hughes e Abigail Scholer, "When Wanting the Best Goes Right or Wrong: Distinguishing Between Adaptive and Maladaptive Maximization", *Personality and Social Psychology Bulletin* 4, no. 43 (8 de fevereiro de 2017): 570–83), <http://mental-floss.com/article/92651/why-making-decisions-stresses-some-people-out>; Olga Khazan, "The Power of 'Good Enough,'" *TheAtlantic.com*, 10 de março de 2015, <www.theatlantic.com/health/archive/2015/03/ the-power-of-good-enough/387388/>; Mike Sturm, "Satisficing: A Way Out of the Miserable Mindset of Maximizing", *Medium.com*, 28 de março de 2018, <medium.com/@MikeSturm/satisficing-ho-w-to-avoid-the-pitfalls-of-the-maximizer-mindset-b092fe4497af>; and Clare Thorpe, "A Guide to Overcoming FOBO, the Fear of Better Options", *Medium.com*, 19 de novembro de 2018, <medium.com/s/ story/a-guide-to-overcoming-fobo-the-fear-of-better-options-9a3f4655bfae>.

CAPÍTULO 8: O PODER DO PENSAMENTO NEGATIVO

Cumprindo as resoluções de ano novo [p. 185]

Ashley, Moor, "This Is How Many People Actually Stick to Their New Year's Resolutions", 4 de dezembro de 2018, <www.msn.com/en-us/health/wellness/this-is-how-many-people-actually-stick-to-their-new-year-e2-80-99s-resolutions/ar-BBQv644>.

A lacuna de comportamento e a *Lacuna de Comportamento* [p. 185]

Carl Richards, *The Behavior Gap*: *Simple Ways to Stop Doing Dumb Things with Money* (Nova York: Portfolio, 2012).

Norman Vincent Peale [p. 185]

A relação de Peale com Eisenhower, Nixon e Trump é amplamente documentada, inclusive na Wikipedia, <en. wikipedia.org/wiki/Norman_Vincent_Peale>. Peale oficializou o primeiro casamento de Trump, assim como o de David Eisenhower (único neto do Presidente Eisenhower) e Julie Nixon (uma das filhas do Presidente Nixon). Charlotte Curtis, "When It's Mr. and Mrs. Eisenhower, the First Dance Will be 'Edelweiss'", *The New York Times*, 14 de dezembro de 1968, <timesmachine.nytimes.com/timesmachi-ne/1968/12/14/76917375.html?pageNumber=58>; Andrew Glass, "Julie Nixon Weds David Eisenhower, 22 de dezembro de 1968", *Politico.com*, 22 de dezembro de 2016, <www.politico.com/story/2016/12/julie-ni-xon-weds-david-eisenhower-dec-22-1968-232824>; Paul Schwartzman, "How Trump Got Religion — and

Why His Legendary Minister's Son Now Rejects Him", *Washington Post*, 21 de janeiro de 2016, <www.washingtonpost.com/lifestyle/how-trump-got-religion—and-why-his-legendary-ministers-son-now-rejects-him/2016/01/21/37bae16e-bb02-11e5-829c-26ffb874a18d_story.html>; Curtis Sitomer, "Preacher's Preacher Most Enjoys Helping People One-on-One", *Christian Science Monitor*, 25 de maio de 1984, <www.csmonitor.com/1984/0525/052516.html>.

Contraste mental [p. 187]

Ver Gabriele Oettingen, *Rethinking Positive Thinking: Inside the New Science of Motivation* (Nova York: Current, 2014); Gabriele Oettingen e Peter Gollwitzer, "Strategies of Setting and Implementing Goals", em *Social Psychological Foundations of Clinical Psychology*, editado por J. Maddox e J. Tangney (Nova York: Guilford Press, 2010).

Pre-mortem [pp. 190–94]

As ideias de Gary Klein foram um ponto de partida influencial para a minha abordagem sobre *pre-mortem*. Ver Gary Klein, "Performing a Project Premortem", *Harvard Business Review* 85, no 9 (setembro 2007): 18–19; e Gary Klein, Paul Sonkin e Paul Johnson, "Rendering a Powerful Tool Flaccid: The Misuse of Premortems on Wall Street", rascunho em fevereiro de 2019, <capitalallocatorspodcast.com/wp-content/uploads/Klein-Sonkin-and-Johnson-2019-The-Misuse-of-Premortems-on-Wall-Street.pdf>.

Eficácia da combinação de viagem mental no tempo e no contraste mental [p. 193]

A pesquisa sobre o aumento de 30% nas razões para o fracasso é de Deborah Mitchell, J. Edward Russo e Nancy Pennington, "Back to the Future: Temporal Perspective in the Explanation of Events", *Journal of Behavioral Decision Making* 2, no. 1 (janeiro de 1989): 25–38.

Backcasting: uma "pré-parada" [p. 194]

Ver Chip Heath and Dan Heath, *Decisive: How to Make Better Choices in Life and Work* (Nova York: Crown, 2013).

O jogo do Dr. Evil [p. 203]

Esse jogo foi originalmente sugerido a mim por Dan Egan; ele chamou isso de o jogo "Damien". Adaptei o jogo para incluir a restrição de que as pessoas de fora não seriam capazes de detectar que qualquer decisão individual foi ruim.

Estilo Darth Vader de gerenciamento [p. 216]

As citações do filme vieram do Quarto Rascunho do Roteiro Revisado de George Lucas de *Star Wars, Episódio IV, Uma Nova Esperança*, 15 de janeiro de 1976, <www.imsdb.com/scripts/Star-Wars-A-New-Hope.html>.

Dr. Evil na quarta descida na NFL [p. 217]

Andrew Beaton e Ben Cohen, "Football Coaches Are Still Flunking on Fourth Down", *Wall Street Journal*, 16 de setembro de 2019, <www.wsj.com/articles/football-coaches-are-still-flunking-their-tests-on-fourth-down-11568642372>; Dan Bernstein, "Revolution or Convention — Analyzing NFL Coaches' Fourth-Down Decisions in 2018", *Sporting News*, 17 de janeiro de 2019, <www.sportingnews.com/us/nfl/news/revolution-or-convention-analyzing-nfl-coaches-fourth-down-decisions-in-2018/1kyyio26urad31qwvitnbz2rnc>; Adam Kilgore, "On Fourth Down, NFL Coaches Aren't Getting Bolder. They're Getting Smarter", *Washington Post*, 8 de outubro de 2018, <www.washingtonpost.com/sports/2018/10/09/fourth-down-nfl-coaches-arent-getting-bolder-theyre-getting-smarter/>; NYT 4th Down Bot, "Fourth Down: When to Go for It and Why", *New York Times*, 5 de setembro de 2014, <www.nytimes.com/2014/09/05/upshot/4th-down-when-to-go-for-it-and-why.html>; Ty Schalter, "NFL Coaches Are Finally Getting More Aggressive on Fourth Down", *FiveThirtyEight.com*, 14 de novembro de 2019, <fivethirtyeight.com/features/nfl-coaches-are-finally-getting-more-aggressive-on-fourth-down/>.

CAPÍTULO 9: HIGIENE DA DECISÃO

Dr. Semmelweis e a medicina vitoriana [p. 219]

Lindsey Fitzharris, *The Butchering Art: Joseph Lister's Quest to Transform the Grisly World of Victorian Medicine* (Nova York: Scientific American/Farrar, Straus and Giroux, 2017), 46. A citação sobre o avental confiável e áspero é de um relato de Berkeley Moynihan, um cirurgião pioneiro que foi um dos primeiros a usar luvas de borracha — *aproximadamente 40 anos após a morte de Semmelweis.* Detalhes adicionais sobre a vida e morte do doutor Ignaz Semmelweis vêm de Codell Carter e Barbara Carter, *Childbed Fever: A Scientific Biography of Ignaz Semmelweis* (Livingston, Nova Jersey: Transaction Publishers, 2005), 78; Duane Funk, Joseph Parrillo e Anand Kumar, "Sepsis and Septic Shock: A History", *Critical Care Clinics* 25 (2009): 83–101.

O experimento de Asch [pp. 222–223]

Solomon Asch, "Opinions and Social Pressure", *Scientific American* 193, no. 5 (novembro de 1955): 31–35.

John Stuart Mill [p. 226]

A Liberdade, de John Stuart Mill, além de ser um dos livros mais influentes já escritos sobre os direitos individuais e a relação entre autoridade e liberdade, expressa conceitos poderosos e duradouros sobre a tomada de decisões. Ver especificamente o Capítulo 2, "A Liberdade de Pensamento e Discussão". Jonathan Haidt e Richard Reeves colaboraram em uma versão curta e editada do Capítulo 2, ilustrada por Dave Cicirelli, *All Minus One: John Stuart Mill's Ideas on Free Speech Illustrated* (Nova York: Heterodox Academy, 2018). (Também está disponível para baixar em PDF, de graça, em <heterodoxacademy.org/mill/>.)

O experimento de Stasser e Titus [pp. 231–232]

Garold Stasser e William Titus, "Pooling of Unshared Information in Group Decision Making: Biased Information Sampling During Discussion", *Journal of Personality and Social Psychology* 48, no. 6 (1985): 1467–78.

O experimento de Levy, Yardley e Zeckhauser [p. 233]

Dan Levy, Joshua Yardley, and Richard Zeckhauser, "Getting an Honest Answer: Clickers in the Classroom", *Journal of the Scholarship of Teaching and Learning* 17, no. 4 (outubro de 2017): 104–25.

Limitações e verificações de especialistas no assunto [p. 234–236]

Philip Tetlock estudou extensivamente e escreveu sobre o papel da expertise na tomada de decisão, incluindo especificamente o papel dos especialistas nas decisões em grupo. Ver Philip Tetlock e Dan Gardner, *Superprevisões: A arte e a ciência de antecipar o futuro* (Objetiva, 2016), e Philip Tetlock, *Expert Political Judgment: How Good Is It? How Much Can We Know?* (Princeton, Nova Jersey: Princeton University Press, 2005).

Rápido e rasteiro [p. 236]

O professor de Harvard Richard Zeckhauser é um grande entusiasta de membros de grupos de decisão escreverem suas opiniões e as lerem em voz alta, começando com a pessoa mais jovem.

Notas de Capítulo

Referências e Leituras Sugeridas

Ariely, Dan. *Predictably Irrational: The Hidden Forces That Shape Our Decisions*. Revised and expanded edition. Nova York: HarperCollins, 2009.

Brockman, John, ed. *Thinking: The New Science of Decision-Making, Problem-Solving, and Prediction*. Nova York: HarperPerennial, 2013.

Cialdini, Robert. *Influence: The Psychology of Persuasion*. Revised edition. Nova York: HarperCollins, 2009.

Dalio, Ray. *Principles: Life and Work*. Nova York: Simon & Schuster, 2017.

Duhigg, Charles. *The Power of Habit: Why We Do What We Do in Life and Business*. Nova York: Random House, 2012.

———. *Smarter Better Faster: The Secrets of Being Productive in Life and Business*. Nova York: Random House, 2016.

Ellenberg, Jordan. *How Not to Be Wrong: The Power of Mathematical Thinking*. Nova York: Penguin, 2014.
Epstein, David. *Range: Why Generalists Triumph in a Specialized World*. Nova York: Riverhead, 2019.

Feynman, Richard. "Cargo Cult Science". *Engineering and Science* 37, no. 7 (junho de 1974): 10–13.

———. *The Pleasure of Finding Things Out: The Best Short Works of Richard P. Feynman*. Nova York: Perseus Publishing, 1999.

Firestein, Stuart. *Ignorance: How It Drives Science*. Nova York: Oxford University Press, 2012. Gilbert, Daniel. *Stumbling on Happiness*. Nova York: Alfred A. Knopf, 2006.

Haidt, Jonathan. *The Righteous Mind: Why Good People Are Divided by Politics and Religion*. Nova York: Pantheon Books, 2012.

Holmes, Jamie. *Nonsense: The Power of Not Knowing*. Nova York: Crown, 2015. Kahneman, Daniel. *Thinking, Fast and Slow*. Nova York: Farrar, Straus & Giroux, 2011.

Kahneman, Daniel, e Amos Tversky. "On the Psychology of Prediction". *Psychological Review* 80, no. 4 (julho de 1973): 237–51.

Levitt, Steven e Stephen Dubner. *Freakonomics: A Rogue Economist Explores the Hidden Side of Everything*. Nova York: HarperCollins, 2005.

Loewenstein, George, Daniel Read e Roy Baumeister, eds. *Time and Decision: Economic and Psychological Perspectives on Intertemporal Choice*. Nova York: Russell Sage Foundation, 2003.

Marcus, Gary. *Kluge: The Haphazard Evolution of the Human Mind*. Nova York: Houghton Mifflin, 2008.

Marcus, Gary e Ernest Davis. *Rebooting AI: Building Artificial Intelligence We Can Trust*. Nova York: Pantheon, 2019.

Mauboussin, Michael. *The Success Equation: Untangling Skill and Luck in Business, Sports, and Investing*. Boston: Harvard Business Review Press, 2012.

———. *Think Twice: Harnessing the Power of Counterintuition*. Boston: Harvard Business School Publishing, 2009.

Mauboussin, Michael, Dan Callahan e Darius Majd. "The Base Rate Book: Integrating the Past to Better Anticipate the Future", Credit Suisse Global Financial Strategies, 26 de setembro de 2016.

Merton, Robert K., "The Normative Structure of Science", 1942. In *The Sociology of Science: Theoretical and Empirical Investigations*, editado por Norman Storer. Chicago e Londres: University of Chicago Press, 1973.

Mill, John Stuart. *On Liberty*. Londres: John W. Parker e Son, 1859.

Moore, Don. *Perfectly Confident: How to Calibrate Your Decisions Wisely*. Nova York: HarperBusiness, 2020.

Page, Scott. *The Model Thinker: What You Need to Know to Make Data Work for You*. Nova York: Hachette, 2018.

Parrish, Shane. *The Great Mental Models: General Thinking Concepts*. Ottawa, Canadá: Latticework, 2020. Pink, Daniel. *When: The Scientific Secrets of Perfect Timing*. Nova York: Riverhead, 2018.

Pinker, Steven. *Enlightenment How: The Case for Reason, Science, Humanism, and Progress*. Nova York: Viking, 2018.

Rescher, Nicholas. *Luck: The Brilliant Randomness of Everyday Life*. Nova York: Farrar Straus & Giroux, 1995.

Shermer, Michael. *The Believing Brain: From Ghosts and Gods to Politics and Conspiracies: How We Construct Beliefs and Reinforce Them as Truths*. Nova York: Times Books, 2011.

Silver, Nate. *The Signal and the Noise: Why So Many Predictions Fail — but Some Don't*. Nova York: Penguin, 2012.

Suroweicki, James. *The Wisdom of Crowds: Why the Many Are Smarter than the Few and How Collective Wisdom Shapes Business, Economies, Societies and Nations*. Nova York: Random House, 2004.

Taleb, Nassim. *Fooled by Randomness: The Hidden Role of Chance in Life and in the Markets*. Nova York: Random House, 2004.

Tetlock, Philip. *Expert Political Judgment: How Good Is It? How Much Can We Know?* Princeton, Nova Jersey: Princeton University Press, 2005.

Tetlock, Philip e Dan Gardner. *Superforecasting: The Art and Science of Prediction*. Nova York: Crown, 2015.

Thaler, Richard. *Misbehaving: The Making of Behavioral Economics*. Nova York: W. W. Norton & Co., 2015.

Thaler, Richard e Cass Sunstein. *Nudge: Improving Decisions About Health, Wealth, and Happiness*. Nova York: Penguin, 2008.

Tversky, Amos e Daniel Kahneman. "Judgment Under Uncertainty: Heuristics and Biases". *ONR Technical Report* (agosto de 1973).

Von Neumann, John, and Oskar Morgenstern. *Theory of Games and Economic Behavior*. Princeton, Nova Jersey: Princeton University Press, 2004.

Weinberg, Gabriel e Lauren McCann. *Super Thinking: The Big Book of Mental Models*. Nova York: Penguin/Portfolio, 2019.

Referências Selecionadas

Arbesman, Samuel. *The Half-Life of Facts: Why Everything We Know Has an Expiration Date*. Nova York: Current, 2012.

Ariely, Dan e Jeff Kreisler. *Dollars and Sense: How We Misthink Money and How to Spend Smarter*. Nova York: Harper, 2017.

Ariely, Dan e Klaus Wertenbroch. "Procrastination, Deadlines, and Performance: Self-Control by Pre-commitment". *Psychological Science* 13, no. 3 (2002): 219–24.

Arkes, Hal e Catherine Blumer. "The Psychology of Sunk Cost". *Organizational Behavior and Human Decision Processes* 35, no. 1 (1985): 124–40.

Arvai, Joseph e Ann Froschauer. "Good Decisions, Bad Decisions: The Interaction of Process and Outcome in Evaluations of Decision Quality". *Journal of Risk Research* 13, no. 7 (outubro de 2010): 845–59.

Asch, Solomon. "Opinions and Social Pressure". *Scientific American* 193, no. 5 (1955): 31–35.

Bar-Eli, Michael, Azar Ofer, Ilana Ritov, Yael Keidar-Levin e Galin Schein. "Action Bias Among Elite Soccer Goalkeepers: The Case of Penalty Kicks". *Journal of Economic Psychology* 28, no. 5 (outubro de 2007): 606–21.

Baron, Jonathan e John Hershey. "Outcome Bias in Decision Evaluation". *Journal of Personality and Social Psychology* 54, no. 4 (1988): 569–79.

Browne, Basil. "Going on Tilt: Frequent Poker Players and Control". *Journal of Gambling Behavior* 5, no 1 (março de 1989): 3–21.

Burch, E. Earl e William Henry. "Opportunity Costs: An Experimental Approach". *Accounting Review* 45, no. 2 (1970): 315–21.

Cavojova, Vladimira, Jakub Srol e Magalena Adamus. "My Point Is Valid, Yours Is Not: Myside Bias in Reasoning About Abortion". *Journal of Cognitive Psychology* 30, no. 7 (2018): 656–69.

Chapman, Gretchen e Eric Johnson. "Anchoring, Activation, and the Construction of Values". *Organizational Behavior and Human Decision Processes* 79, no. 2 (agosto de 1999): 115–53.

Clear, James. *Atomic Habits: An Easy & Proven Way to Build Good Habits & Break Bad Ones*. Nova York: Avery, 2018.

Cochran, Winona e Abraham Tesser. "The 'What the Hell' Effect: Some Effects of Goal Proximity and Goal Framing on Performance". Em *Striving and Feeling: Interactions Among Goals, Affect, and Self- Regulation*, editado por L. Martin and Abraham Tesser. Nova York: Lawrence Erlbaum Associates, 1996.

Coyle, Daniel. *The Culture Code: The Secrets of Highly Successful Groups*. Nova York: Bantam, 2018.

Cross, K. Patricia. "Not Can, But Will College Teaching Be Improved?" *New Directions for Higher Education* 17 (1977): 1–15.

De Wit, Frank, Lindred Greer e Karen Jehn. "The Paradox of Intragroup Conflict: A Meta-Analysis". *Journal of Applied Psychology* 92, no. 2 (2012): 360–90.

Dekking, F. M., C. Kraaikamp, H. P. Lopuhaä e L. E. Meester. *A Modern Introduction to Probability and Statistics: Understanding Why and How*. Londres: Springer Science & Business Media, 2005.

Dion, Karen, Ellen Berscheid e Elaine Walster. "What Is Beautiful Is Good". *Journal of Personality and Social Psychology* 24, no. 3 (1972): 285–90.

Duarte, Jose, Jarret Crawford, Charlotta Stern, Jonathan Haidt, Lee Jussim e Philip Tetlock. "Political Diversity Will Improve Social Psychological Science". *Behavioral and Brain Sciences* 38 (janeiro de 2015): 1–58.

Dunning, David. "The Dunning–Kruger Effect: On Being Ignorant of One's Own Ignorance". In *Advances in Experimental Social Psychology*, volume 44. San Diego, Califórnia: Academic Press, 2011.

Edwards, Kari Edward Smith. "A Disconfirmation Bias in the Evaluation of Arguments". *Journal of Personality and Social Psychology* 71, no. 1 (1996): 5–24.

Eskreis-Winkler, Lauren, Katherine Milkman, Dena Gromet Angela Duckworth. "A Large-Scale Field Experiment Shows Giving Advice Improves Academic Outcomes for the Advisor". *PNAS* 116, no. 30 (23 de julho de 2019): 14808–810.

Festinger, Leon. *A Theory of Cognitive Dissonance*. Stanford, CA: Stanford University Press, 1957. Fischhoff, Baruch. "Hindsight Is Not Equal to Foresight: The Effect of Outcome Knowledge on Judgment Under Uncertainty". *Journal of Experimental Psychology: Human Perception and Performance* 1, no. 3 (agosto de 1975): 288–99.

Franz, Timothy e James Larson. "The Impact of Experts on Information Sharing During Group Discussion". *Small Group Research* 33, no. 4 (agosto de 2002): 383–411.

Frederick, Shane, George Loewenstein e Ted O'Donoghue. "Time Discounting and Time Preference: A Critical Review". *Journal of Economic Literature* 40, no. 2 (junho de 2002): 351–401.

Friedman, Jeffrey. *War and Chance: Assessing Uncertainty in International Politics*. Nova York: Oxford University Press, 2019.

Friedman, Jeffrey e Richard Zeckhauser. "Handling and Mishandling Estimative Probability: Likelihood, Confidence, and the Search for Bin Laden". *Intelligence and National Security* 30 (2015): 77–99. Gigerenzer, Gerd, Ulrich Hoffrage e Heinz Kleinbölting. "Probabilistic Mental Models: A Brunswikian Theory of Confidence". *Psychological Review* 98, no. 4 (1991): 506–28.

Gigone, Daniel e Reid Hastie. "The Common Knowledge Effect: Information Sharing and Group Judgment". *Journal of Personality and Social Psychology* 65, no. 5 (1993): 959–74.

Gilbert, Daniel. "How Mental Systems Believe". *American Psychologist* 46, no. 2 (fevereiro de 1991): 107–19. Gilbert, Daniel, Roman Tafarodi e Patrick Malone. "You Can't Not Believe Everything You Read". *Journal of Personality and Social Psychology* 65, no. 2 (agosto de 1993): 221–33.

Gino, Francesca, Don Moore e Max Bazerman. "No Harm, No Foul: The Outcome Bias in Ethical Judgments". Harvard Business School NOM Working Paper 08-080, 2009.

Gino, Francesca e Gary Pisano. "Why Leaders Don't Learn from Success". *Harvard Business Review* 89, no. 4 (abril de 2011): 68–74.

Godker, Katrin, Peiran Jiao e Paul Smeets. "Investor Memory". Rascunho de julho de 2019. www.uibk.ac.at/credence-goods/events/sfb-seminar/documents/sfb_seminar_19_smeets_paper.pdf.

258 *Referências Selecionadas*

Gollwitzer, Peter e Paschal Sheeran. "Implementation Intentions and Goal Achievement: A Meta-Analysis of Effects and Processes". *Advances in Experimental Social Psychology* 38 (2006): 69–119.

Guwande, Atul. *The Checklist Manifesto: How to Get Things Right*. Nova York: Metropolitan Books, 2009. Haidt, Jonathan e Richard Reeves, eds. *All Minus One: John Stuart Mill's Ideas on Free Speech Illustrated*. Nova York: Heterodox Academy, 2018.

Hammond, John, Ralph Keeney e Howard Raiffa. "The Hidden Traps in Decision Making". *Harvard Business Review* 76, no. 5 (setembro–outubro de 1998): 47–58.

Harford, Tim. "Why Living Experimentally Beats Taking Big Bets". *Financial Times*, 14 de fevereiro de 2019. Hastorf, Albert e Hadley Cantril. "They Saw a Game: A Case Study". *Journal of Abnormal and Social Psychology* 49, no. 1 (janeiro de 1954): 129–34.

Heath, Chip e Dan Heath. *Decisive: How to Make Better Choices in Life and Work*. Nova York: Crown, 2013.

Heck, Patrick, Daniel Simons e Christopher Chabris. "65% of Americans Believe They Are Above Average in Intelligence: Results of Two Nationally Representative Surveys". *PLoS ONE* 13, no. 7 (2018): e0200103.

Horowitz, Kate. "Why Making Decisions Stresses Some People Out". MentalFloss.com, 27 de fevereiro de 2018. Hughes, Jeffrey e Abigail Scholer. "When Wanting the Best Goes Right or Wrong: Distinguishing Between Adaptive and Maladaptive Maximization". *Personality and Social Psychology Bulletin* 43, no. 4 (2017): 570–83.

Jarrett, Christian. "'My-Side Bias' Makes It Difficult for Us to See the Logic in Arguments We Disagree With". *BPS Research Digest* (9 de outubro de 2018).

Johnson, Hollyn e Colleen Seifert. "Sources of the Continued Influence Effect: When Misinformation in Memory Affects Later Inferences". *Journal of Experimental Psychology: Learning, Memory, and Cognition* 20, no. 6 (novembro de 1994): 1420–36.

Johnson-Laird, Philip. "Mental Models and Probabilistic Thinking". *Cognition* 50, no. 1 (junho de 1994):189–209.

Kahan, Daniel, David Hoffman, Donald Braman, Danieli Evans e Jeffrey Rachlinski. "They Saw a Protest: Cognitive Illiberalism and the Speech-Conduct Distinction". *Stanford Law Review* 64 (2012): 851–906.

Kahan, Daniel e Ellen Peters. "Rumors of the 'Nonreplication' of the 'Motivated Numeracy Effect' Are Greatly Exaggerated". Cultural Cognition Project, Working Paper No. 324, 2017.

Kahan, Daniel, Ellen Peters, Erica Dawson e Paul Slovic. "Motivated Numeracy and Enlightened Self-Government". *Behavioural Public Policy* 1, no. 1 (maio de 2017): 54–86.

Kahneman, Daniel. "Maps of Bounded Rationality: A Perspective of Intuitive Judgment and Choice". *American Economic Review* 93, no. 5 (dezembro de 2003): 1444–75.

Kahneman, Daniel e Gary Klein. "Conditions for Intuitive Expertise: A Failure to Disagree". *American Psychologist* 64, no. 6 (setembro de 2009): 515–26.

Kahneman, Daniel, Jack Knetsch e Richard Thaler. "The Endowment Effect, Loss Aversion, and Status Quo Bias". *Journal of Economic Perspectives* 5, no. 1 (inverno de 1991): 193–206.

Kahneman, Daniel, Paul Slovic e Amos Tversky, eds. *Judgment Under Uncertainty: Heuristics and Biases*. Nova York: Cambridge University Press, 1982.

Kahneman, Daniel e Amos Tversky. "Choices, Values, and Frames". *American Psychologist* 39, no. 4 (abril de 1984): 341–50.

———. "Intuitive Prediction: Biases and Corrective Procedures". Defense Advanced Research Project Agency, Technical Report PTR-1042-77-6, junho de 1977.

———, "Prospect Theory: An Analysis of Decision Under Risk". *Econometrica: Journal of the Econometric Society* 47, no. 2 (março de 1979), 263–91.

Khazan, Olga. "The Power of 'Good Enough.'" *TheAtlantic.com*, 10 de março de 2015.

Klein, Gary. "Performing a Project Premortem". *Harvard Business Review* 85, no. 9 (setembro de 2007), 18–19.

Klein, Gary, Paul Sonkin e Paul Johnson. "Rendering a Powerful Tool Flaccid: The Misuse of Premortems on Wall Street". Rascunho de fevereiro de 2019. capitalallocatorspodcast.com/wp-content/uploads/Klein-Sonkin-and-Johnson-2019-The-Misuse-of-Premortems-on-Wall-Street.pdf.

Laakasuo, Michael, Jussi Palomäki e Mikko Salmela. "Emotional and Social Factors Influence Poker Decision Making Accuracy. *Journal of Gambling Studies* 31, no. 3 (2015): 933–47.

Langer, Ellen. "The Illusion of Control". *Journal of Personality and Social Psychology* 32, no. 2 (1975): 311–28.

Larson, James, Pennie Foster-Fishman e Christopher Keys. "Discussion of Shared and Unshared Information in Decision-Making Groups", *Journal of Personality and Social Psychology* 67, no. 3 (1994): 446–61.

Lerner, Jennifer e Philip Tetlock. "Accounting for the Effects of Accountability". *Psychological Bulletin* 125, no. 2 (março de 1999): 255–75.

———. "Bridging Individual, Interpersonal, and Institutional Approaches to Judgment and Decision Making: The Impact of Accountability on Cognitive Bias". Em *Emerging Perspectives on Judgment and Decision Research*, editado por S. Schneider e J. Shanteau. Cambridge, Reino Unido: Cambridge University Press, 2003.

Levitt, Steven e Stephen Dubner. *Think Like a Freak*. Nova York: HarperCollins, 2014.

Levy, Dan, Joshua Yardley e Richard Zeckhauser. "Getting an Honest Answer: Clickers in the Classroom". *Journal of the Scholarship of Teaching and Learning* 17, no. 4 (outubro de 2017): 104–25.

Lyon, Don e Paul Slovic. "Dominance of Accuracy Information and Neglect of Base Rates in Probability Estimation". *Acta Psychologica* 40, no. 4 (agosto de 1976): 287–98.

MacCoun, Robert e Saul Perlmutter. "Blind Analysis as a Correction for Confirmatory Bias in Physics and in Psychology". Em *Psychological Science Under Scrutiny: Recent Challenges and Proposed Solutions*, editado por Scott Lilienfeld e Irwin Waldman. Oxford, Reino Unido: Wiley Blackwell, 2017.

———. "Hide Results to Seek the Truth: More Fields Should, Like Particle Physics, Adopt Blind Analysis to Thwart Bias". *Nature* 526, no. 7572 (8 de outubro de 2015): 187–90.

Mauboussin, Andrew e Michael Mauboussin. "If You Say Something Is 'Likely,' How Likely Do People Think It Is?" HBR.org, 3 de julho de 2018.

Mauboussin, Michael, Dan Callahan e Darius Majd. "The Base Rate Book: Integrating the Past to Better Anticipate the Future", Credit Suisse Global Financial Strategies, 26 de setembro de 2016.

Mitchell, Deborah, J. Edward Russo e Nancy Pennington. "Back to the Future: Temporal Perspective in the Explanation of Events". *Journal of Behavioral Decision Making* 2, no. 1 (janeiro de 1989): 25–38.

Mitchell, Terence e Laura Kalb. "Effects of Outcome Knowledge and Outcome Valence on Supervisors' Evaluations". *Journal of Applied Psychology* 66, no. 5 (1981): 604–12.

Moore, Don e Derek Schatz. "The Three Faces of Overconfidence". *Social & Personality Psychology Focus* 11, no 8 (agosto de 2017): e12331.

Morse, Mitch. "Thinking in Bets: Book Review and Thoughts on the Interaction of Uncertainty and Politics". Medium.com, 9 de dezembro de 2018.

Murdock, Bennett. "The Serial Position Effect of Free Recall". *Journal of Experimental Psychology* 64, no. 5 (1962): 482–88.

Nickerson, Raymond. "Confirmation Bias: A Ubiquitous Phenomenon in Many Guises". *Review of General Psychology* 2, no. 2 (1998): 175–220.

O'Brien, Michael, R. Alexander Bentley e William Brock. *The Importance of Small Decisions*. Cambridge, Massachusetts: MIT Press, 2019.

Oettingen, Gabriele. *Rethinking Positive Thinking: Inside the New Science of Motivation*. Nova York: Current, 2014.

Oettingen, Gabriele e Peter Gollwitzer. "Strategies of Setting and Implementing Goals". In *Social Psychological Foundations of Clinical Psychology*, edited by J. Maddox and Tangney. Nova York: Guilford Press, 2010.

Pachur, Thorsten, Ralph Hertwig e Florian Steinmann. "How Do People Judge Risks: Availability Heuristic, Affect Heuristic, or Both?" *Journal of Experimental Psychology: Applied* 18, no. 3 (2012): 314–330. Phillips, Katherine, Katie Liljenquist e Margaret Neale. "Is the Pain Worth the Gain? The Advantages and Liabilities of Agreeing with Socially Distinct Newcomers". *Personality and Social Psychology Bulletin* 35, no. 3 (2009): 336–50.

Price, Vincent, Joseph Cappella e Lilach Nir. "Does Disagreement Contribute to More Deliberative Opinion?" *Political Communication* 19, no. 1 (janeiro de 2002): 95–112.

Rapp, David. "The Consequences of Reading Inaccurate Information". *Current Directions in Psychological Science* 25, no. 4 (2016): 281–85.

Richards, Carl. *The Behavior Gap: Simple Ways to Stop Doing Dumb Things with Money*. Nova York: Penguin/Portfolio, 2012.

Robinson, John. "Unlearning and Backcasting: Rethinking Some of the Questions We Ask About the Future". *Technological Forecasting and Social Change* 33, no. 4 (julho de 1998): 325–38.

Roese, Neal e Kathleen Vohs. "Hindsight Bias". *Perspectives on Psychological Science* 7, no. 5 (2012): 411–26.

Ross, Michael e Fiore Sicoly. "Egocentric Biases in Availability and Attribution". *Journal of Personality and Social Psychology* 37, no. 3 (março de 1979): 322–36.

Russo, J. Edward e Paul Schoemaker. *Winning Decisions: Getting It Right the First Time*. Nova York: Doubleday, 2002.

Samuelson, William e Richard Zeckhauser. "Status Quo Bias in Decision Making". *Journal of Risk and Uncertainty* 1 (1988): 7–59.

Schkade, David e Daniel Kahneman. "Does Living in California Make People Happy? A Focusing Illusion in Judgments of Life Satisfaction". *Psychological Science* 9, no. 5 (setembro de 1998): 340–46.

Schoemaker, Paul e Philip Tetlock. "Superforecasting: How to Upgrade Your Company's Judgment". *Harvard Business Review* 94 (maio de 2016): 72–78.

Schwardmann, Peter e Joel van der Weele, "Deception and Self-Deception". *Nature Human Behaviour* 3, no. 10 (2019), 1055–61.

Schwartz, Barry. *The Paradox of Choice: Why More Is Less*. Nova York: HarperCollins, 2003.

Schwartz, Barry, Andrew Ward, John Monterosso, Sonya Lyubomirsky, Katherine White e Darrin Lehman. "Maximizing Versus Satisficing: Happiness Is a Matter of Choice". *Journal of Personality and Social Psychology* 83, no. 5 (2002): 1178–97.

Schwartz, Janet, Daniel Mochon, Lauren Wyper, Josiase Maroba, Deepak Patel e Dan Ariely. "Healthier by Precommitment". *Psychological Science* 25, no. 2 (2014): 538–46.

Sheikh, Hasan e Cass Sunstein. "To Persuade As an Expert, Order Matters: 'Information First, Then Opinion' for Effective Communication". Rascunho de 24 de outubro de 2019. ssrn.com/abstract=3474998.

Simonson, Itamar. "The Influence of Anticipating Regret and Responsibility on Purchase Decisions". *Journal of Consumer Research* 19, no. 1 (junho de 1992): 105–18.

Slovic, Paul, Melissa Finucane, Ellen Peters, Donald MacGregor. "The Affect Heuristic". *European Journal of Operational Research* 177, no. 3 (2007): 1333–52.

Smets, Koen. "More Indifference: Why Strong Preferences and Opinions Are Not (Always) for Us". Medium.com, 3 de maio de 2019.

Stanovich, Keith e Richard West. "On the Failure of Cognitive Ability to Predict Myside and One-Sided Thinking Biases". *Thinking & Reasoning* 14, no. 2 (2008): 129–67.

Stark, Emily e Daniel Sachau. "Lake Wobegon's Guns: Overestimating Our Gun-Related Competences". *Journal of Social and Political Psychology* 4, no. 1 (2016): 8–23.

Stasser, Garold e William Titus. "Pooling of Unshared Information in Group Decision Making: Biased Information Sampling During Discussion", *Journal of Personality and Social Psychology* 48, no. 6 (1985): 1467–78.

Referências Selecionadas

Staw, Barry. "The Escalation of Commitment to a Course of Action". *Academy of Management Review* 6, no. 4 (1981): 577–87.

Stone, Peter. *The Luck of the Draw: The Role of Lotteries in Decision Making*. Nova York: Oxford University Press, 2011.

Sturm, Mike. "Satisficing: A Way Out of the Miserable Mindset of Maximizing". Medium.com, 28 de março de 2018.

Sunstein, Cass. "Historical Explanations Always Involve Counterfactual History". *Journal of Philosophy of History* (novembro de 2016), 433–40.

Sunstein, Cass e Reid Hastie. *Wiser: Getting Beyond Groupthink to Make Groups Smarter*. Boston: Harvard Business Press, 2014.

Svenson, Ola. "Are We All Less Risky and More Skillful than Our Fellow Drivers?" *Acta Psychologica* 47 (1981): 143–48.

Sweeney, Joseph. "Beyond Pros and Cons — Start Teaching the Weight and Rate Method". Medium.com, 22 de outubro de 2018.

Thaler, Richard. "Mental Accounting and Consumer Choice". *Marketing Science* 4, no. 3 (1985): 199–214.

———. "Mental Accounting Matters". *Journal of Behavioral Decision Making* 12, no. 3 (1999): 183–206. Thorpe, Clare. "A Guide to Overcoming FOBO, the Fear of Better Options". Medium.com, 19 de novembro de 2018.

Trope, Yaacov e Ayelet Fishbach. "Counteractive Self-Control in Overcoming Temptation". *Journal of Personality and Social Psychology* 79, no. 4 (2000): 493–506.

Trouche, Emmanuel, Petter Johansson, Lars Hall e Hugo Mercier. "The Selective Laziness of Reasoning". *Cognitive Science* (2015): 1–15.

Tversky, Amos e Daniel Kahneman. "Advances in Prospect Theory: Cumulative Representation of Uncertainty". *Journal of Risk and Uncertainty* 5, no. 4 (1992): 297–323.

———. "Availability: A Heuristic for Judging Frequency and Probability". *Cognitive Psychology* 5, no. 2 (1973): 207–32.

———. "Evidential Impact of Base Rates". *ONR Technical Report* (maio de 1981).

———. "Extensional Versus Intuitive Reasoning: The Conjunction Fallacy in Probability Judgment". *Psychological Review* 90, no. 4 (outubro de 1983): 293–315.

———. "The Framing of Decisions and the Psychology of Choice". *Science* 211, 30 de janeiro de 1981, 453–58.

———. "Loss Aversion in Riskless Choice: A Reference-Dependent Model". *Quarterly Journal of Economics* 106, no. 4 (novembro de 1999); 1039–61.

———. "Rational Choice and the Framing of Decisions". *Journal of Business* 59 (1986): 251–278.

Ullmann-Margalit, Edna e Sidney Morganbesser. "Picking and Choosing". *Social Research* 44, no. 4 (inverno de 1977): 757–85.

Weller, Chris. "A Neuroscientist Explains Why He Always Picks the 2nd Menu Item on a List of Specials". *Business Insider*, 28 de julho de 2017.

West, Richard, Russell Meserve Keith Stanovich. "Cognitive Sophistication Does Not Attenuate the Bias Blind Spot". *Journal of Personality and Social Psychology* 103, no. 3 (setembro de 2002): 506–19.

Wheeler, Michael. "The Luck Factor in Great Decisions". HBR.org, 18 de novembro de 2013.

———. "The Need for Prospective Hindsight". *Negotiation Journal* 3, no. 7 (janeiro de 1987): 7–10. Zeckhauser, Richard. "Investing in the Unknown and Unknowable". *Capitalism and Society* 1, no. 2 (2006): 1–39.

Zweig, Jason, and Phil Tetlock. "The Perilous Task of Forecasting". *Wall Street Journal*, 17 de junho de 2016.

Projetos corporativos e edições personalizadas
dentro da sua estratégia de negócio. Já pensou nisso?

Coordenação de Eventos
Viviane Paiva
viviane@altabooks.com.br

Contato Comercial
vendas.corporativas@altabooks.com.br

A Alta Books tem criado experiências incríveis no meio corporativo. Com a crescente implementação da educação corporativa nas empresas, o livro entra como uma importante fonte de conhecimento. Com atendimento personalizado, conseguimos identificar as principais necessidades, e criar uma seleção de livros que podem ser utilizados de diversas maneiras, como por exemplo, para fortalecer relacionamento com suas equipes/ seus clientes. Você já utilizou o livro para alguma ação estratégica na sua empresa?

Entre em contato com nosso time para entender melhor as possibilidades de personalização e incentivo ao desenvolvimento pessoal e profissional.

PUBLIQUE SEU LIVRO

Publique seu livro com a Alta Books. Para mais informações envie um e-mail para: autoria@altabooks.com.br

 /altabooks /alta-books /altabooks /altabooks

CONHEÇA OUTROS LIVROS DA **ALTA CULT**

Todas as imagens são meramente ilustrativas.

Este livro foi impresso nas oficinas gráficas da Editora Vozes Ltda.,
Rua Frei Luís, 100 – Petrópolis, RJ.